数学文化名著译丛

数学概念的演变

[美] R·L·怀尔德——著
谢明初　陈念　陈慕丹——译

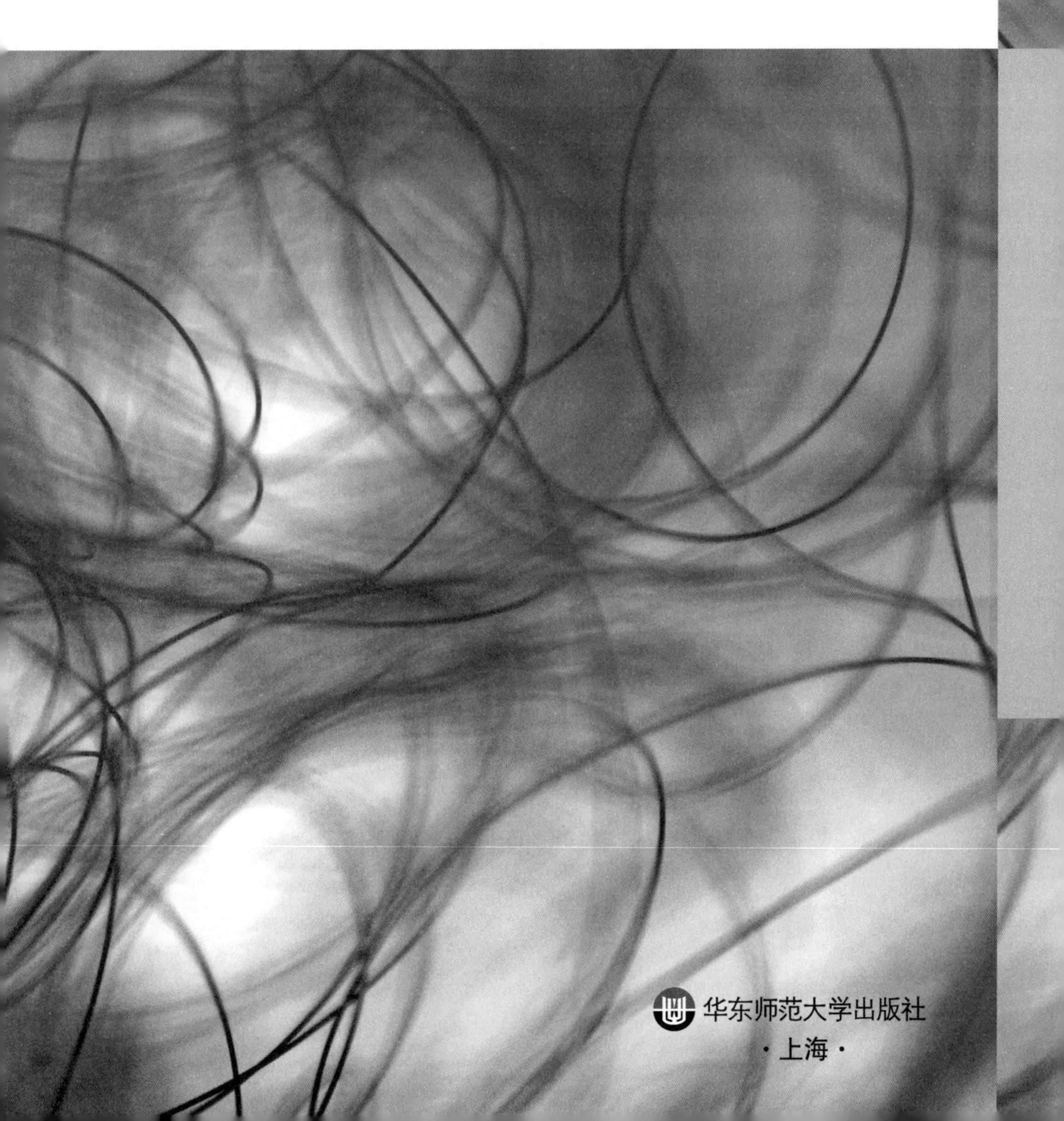

华东师范大学出版社
·上海·

图书在版编目(CIP)数据

数学概念的演变/(美) R. L. 怀尔德著;谢明初译.
—上海:华东师范大学出版社,2019
ISBN 978-7-5675-9270-4

Ⅰ.①数… Ⅱ.①R…②谢… Ⅲ.①数学—研究
Ⅳ.①O1

中国版本图书馆 CIP 数据核字(2019)第 095792 号

数学概念的演变
SHUXUE GAINIAN DE YANBIAN

著　　者　[美]R·L·怀尔德
译　　者　谢明初　陈　念　陈慕丹
责任编辑　李文革
项目编辑　平　萍
装帧设计　刘怡霖

出版发行　华东师范大学出版社
社　　址　上海市中山北路 3663 号　邮编 200062
网　　址　www.ecnupress.com.cn
电　　话　021-60821666　行政传真 021-62572105
客服电话　021-62865537　门市(邮购)电话 021-62869887
地　　址　上海市中山北路 3663 号华东师范大学校内先锋路口
网　　店　http://hdsdcbs.tmall.com

印 刷 者　上海展强印刷有限公司
开　　本　787×1092　16 开
印　　张　10.5
字　　数　175 千字
版　　次　2019 年 7 月第 1 版
印　　次　2021 年 4 月第 2 次
书　　号　ISBN 978-7-5675-9270-4/G·12128
定　　价　30.00 元

出 版 人　王　焰

(如发现本版图书有印订质量问题,请寄回本社客服中心调换或电话 021-62865537 联系)

译者序

20 世纪 80 年代以来，数学文化研究在我国数学界和数学哲学界悄然兴起。进入 21 世纪后，随着新一轮中小学数学课程改革的启动，它又获得数学教育界的高度认可，并成为数学教育研究的热点话题。在教育部颁布的《普通高中数学课程标准(2017 年版)》中，要求把数学文化融入课程内容，标志着数学文化走进中小学课堂。

关于数学是文化的观点，中国学者很早就有论及。例如马遵廷 1933 年在《数学与文化》一文中提出了“数学和文化互为函数”的观点；陈建功 1952 年提出“数学教育是在经济的、社会的、政治的制约下的一种文化形态”；殷海光在 20 世纪 60 年代认为欧几里德几何学、纯粹数学都是文化；李大潜 2005 年提出“数学是一种先进的文化，是人类文明的重要基础”。[①] 2002 年 8 月 20 日，丘成桐接受《东方时空》的采访时说：“由于我重视历史，而历史是宏观的，所以我在看数学问题时常常采取宏观的观点，和别人的看法不一样。”这是一位数学大家对数学文化的阐述。

国内外已有的著述可分为三类：

一类是基于数学与社会的互相作用的数学文化研究，以克莱因为代表。代表作品有《西方文化中的数学》(1953)，《数学：一种文化探索》(1962)，《数学与知识的探求》(1986)。克莱因的工作侧重于对数学与各种文化及社会因素之间相互作用的现象的描述，进而分析数学文化的特征，其中提供了大量具体案例。由于国内学者的大力引介，使得克莱因的数学文化观点和成果在中国影响很大，处于主导地位。

另一类是基于数学哲学和数学社会学的数学文化研究，以郑毓信为代表。出版代表性著作《数学文化学》(2000)，试图从数学哲学和数学社会学的视角构建数学文化学的理论体系，在国内诸多学者的研究中独树一帜。

---

① 代钦.释数学文化[J].数学通报，2013，52(4).

第三类是基于文化人类学的数学文化研究，以怀尔德为主要代表。怀尔德(Raymond L. Wilder)曾任美国数学会主席，在数学文化方面有两部重要著作，即《数学概念的演变》(1968)和《作为文化体系的数学》(1981)，是迄今为止最具理论价值的数学文化专著。[①] 他在前一本书中提出了数学发展的 11 个动力和 10 条规律，在后一本书中进一步总结出 23 条规律。怀尔德注重建立数学文化学的理论体系，关注数学发展的内在文化机制，也较为重视哲学层面的分析，具有较浓厚的思辨色彩。他充分借助数学史研究的已有成果，同时又运用文化人类学的视角和方法审视一些重要的数学历史现象，获得了一些十分重要的结论。[②]

这两本书的特色和创新点表现在：

• 并非是一般的数学史著作，毋宁说是借数学历史题材，提出了认识数学的一种新方法。把数学当成一个文化体系，而不仅仅是整体文化的一部分，为数学发展史上的很多奇怪的现象(如多重发明、数学的可应用性等)给出了一种合理的解释，这并非是从哲学或心理学的角度能满意回答的。

• 论及数学文化现象，传统的研究更多探讨数学与社会的相互影响，或者探讨数学对社会发展的影响，或者反过来探讨社会对数学发展的影响。把数学看成是独立于整体文化的子文化，这就深刻揭示了数学有自身内部发展的规律：遗传张力、结合张力对数学发展起着非常重要的作用。

• 尽管人们对数学史的兴趣不断增长，但是传统的认识是基于亚哲学(sub-philosophical)或前哲学(pre-philosophical)的，而怀尔德关于数学是一种文化体系的观点是很长时期以来第一个成熟的数学哲学观。怀尔德的思想可以看成是戴维斯和赫什的人文数学哲学观的先驱，为理解后期建构主义数学观奠定了理论基础。

• 首次把文化人类学的观点引入数学文化研究，打开了从静态数学哲学观向动态数学哲学观转变的认识通道。数学知识是一种文化传统，数学研究活动具有社会性。人们可以用社会科学的方法去研究数学家，从而也就可以用这种方法去说明数学本身。

• 怀尔德把数学文化看成是一种不断进化的物种。在他看来，希腊数学并没

---

① C. Smorynski. 数学：一种文化系统[J]. 数学译林，1988(3).

② 刘洁民. 数学文化：是什么和为什么[J]. 数学通报，2010，49(11).

有因为穆斯林数学的诞生而死亡，而是数学从希腊人之手转移到穆斯林人那里去了，并且在不同的文化张力的作用下，改变了发展途径，以适应新的环境，沿着新的方向发展了。这从文化的角度肯定了不同民族的数学，即现在所称“民族数学”(ethno-mathematics)对数学研究与发展的意义。

《数学概念的演变》和《作为文化体系的数学》是两本姊妹篇，虽写于不同的年代，但学术思想又一脉相承。前者是后者的基础，后者是前者的继承和发展。这两本书，不仅为我国数学文化研究提供了西方的视角，而且为建立数学文化学体系提供了理论框架。由于数学文化向数学教育渗透是数学教育的发展趋势，因此翻译这两本书对我国数学课程改革的深入发展也具有非常重要的现实意义。

在翻译过程中，华东师范大学出版社李文革副总编提出了宝贵的建议并给予热情的帮助，在译稿即将出版之际，我要对他表达敬意和谢忱！

谢明初

2018 年 11 月 2 日于华南师范大学

目　录

前　言

不可否认，数学是现代社会最重要的文化组成部分之一。它对其他文化元素的影响是如此的基础和广泛，以至于有理由相信，如果没有数学，我们“最现代”的生活方式几乎不可能实现。暂不说电力、无线电、电视、计算机和太空旅行这些显而易见的例子，单单计算的基本技巧就足以证实这一说法。难以想象不使用任何数字的一天是如何度过的。

然而，开展本研究的动机并非出于数学的重要性，更确切地说，是出于对数学概念（如数和几何）如何以及为何被创造和发展的渴求。我们对数学家个体如何创造和发展他们的概念有相当多的了解，并已经从心理学层面进行研究——杰出的数学家，尤其是庞加莱和哈达玛，以自身的经历做出了贡献。但这些只是一部分情况，没有任何数学家能够在真空中工作。数学家的兴趣不仅取决于他那个时代的数学状况，还取决于他与世界各地的数学同事的联系。已故人类学家拉尔夫·林顿提出了一个假设：“……如果爱因斯坦出生在一个无法数到3以上的原始部落，那么他耗尽毕生的努力可能都无法超越基于手指和脚趾的十进制的发展。”经过了几个“文明”，不计其数的数学家历经了四五千年的努力，才得以产生十进制，所以即使是天赋异禀的爱因斯坦，在他的整整一生中能否做到这一点也还是值得怀疑的。爱因斯坦（包括其他的数学天才）之所以能够达成他所做的事情，是由多种因素促成的，其中只有一个是他那毋庸置疑的天赋，而大部分因素都具有文化性质。

数学家们往往会忽视或者忘记他们工作的文化性质，常觉得他们所处理的概念在文化环境之外拥有一个“现实（reality）”（一种柏拉图式的理想世界）。事实上，一些数学家似乎完全缺乏一种洞察力，即没有意识到他的观察和他的概念会受到观察者的影响，而关于这一点，现代物理学家已经意识到了。还有哪个学科像数学这样，概念逐渐比可观察的事物更重要？

没有人指望能够在某一特定文化的逻辑和语言中找到物理世界严格遵循的

规律。物理学家将所谓的规律纯粹地表述为一种使环境合理化和预测其行为的模式，他并没有断言自然遵循这些"规律"。就数学而言，它基于真实的物理环境，寻求宇宙所遵循的算数、几何等规律。但是，一旦数学成为一个成熟的文化元素，它似乎就会自行发展，仿佛独立于"现实(reality)"之外一样。

然而，数学并非独立于文化的力量而发展，它受到一些文化自身特有的性质的影响，而不仅仅是物理学、艺术或其他文化成分。有些人认为在某一特定时期盛行的倾向是"错误的"，于是试图改变数学研究的方向，但这似乎是徒劳的。只有在强大的环境和内部压力作用下才能有效地改变数学发展的进程，例如有时由于战争的施压、政治变革所引发的混乱、宿主文化(host culture)的重大改变和数学本身的"危机"等等。中国古代和中世纪数学的停滞，反映了宿主文化的静态特征；希腊数学的衰落，其原因虽一直备受争议，但无论如何，它都属于文化整体衰落(内部的和环境的)的一部分；同时还有第二次世界大战前欧洲数学家涌入美国对美国数学和一般的数学的影响等都足以证实上述观点。近年来，数学领域中新研究的兴起，以及其从业者地位不寻常的提高，如同物理学领域发生的那样——主要是由于政治环境的作用。

而且，我相信数学和数学哲学都可以从对数学演变的研究中获益。如果我们相信"那些不知道历史的人会陷在黑暗中"，[①]那么同样我们也会相信，数学家若忽视塑造他思想的演变力量，就相当于失去了一个有价值的研究视角。单纯了解历史是不够的，虽然日期、传记等很重要，但它们只是这类研究的一部分资料。此外，既然文化的演变已经成为人类学中公认的理论，那么这类研究应该引起广泛的关注，尤其是那些对他所处的文化环境的思想起源感兴趣的人。

开展这类研究的主要障碍在于早期记录的不足。是研究一般文化的演变过程容易还是研究某一种特定文化(如数学)的演变过程容易，这个问题一直悬而未决。一方面，将文化视为一个整体来研究，可以从大量的文物中得出结论，而对于某一种特定文化(如数学)，则可用的材料相对比较有限。另一方面，有限的材料可以降低复杂性和减少关注点。关于马的进化的研究就是一个例子。正如对特定生命形式的进化进行研究可以为一般的生命形式提供模式一样，研究特定文化(如数学)的演变过程对研究文化演变的一般形式具有重要意义。

---

① 密歇根大学威廉・克莱门茨图书馆外墙上的题字(致已故的乌尔里希・菲利普斯教授)。

然而众所周知，数学是技术性的，其关注点集中在数和几何的基本方面。它们的演变基本上展现了高等数学发展过程中的所有特点。数字不仅是数学的开始，而且数概念以某种形式贯穿于数学的各个领域。这是每个文明人（也包括非文明人）为适应社会和物理环境所需要掌握的数学知识。因此，为了便于一般的理解，它不应具有太多的技术性。本书只有在第 4 章有一些技术性的东西，但我希望其呈现的方式能有助于非数学家对该内容的吸收。我相信没有读完这一章的读者可以从本书的其余部分找到足够的材料来理解它的大概意思。

在这里我尝试从人类学家的角度而不是从数学家的角度来研究数学子文化。当然，由于我是一名数学家，与社会科学家在研究自身所处的文化时所遇到的风险一样，我很难摆脱自己的文化而去冷静地审视它。但是，数学的技术性如此之强，专业以外的人几乎不可能穿透符号的帘子和抽象的概念来发展它。与通常用来获取原始文化的风俗和信仰知识的“报告者（informant）”系统不同，相似的情况在数学中是行不通的。

我想否认任何哲学化的尝试，我纯粹只想对某一特定文化的发展和行为进行研究。然而，完全避免哲学概念是不可能的，毕竟数学哲学影响了数的发展，尤其是在希腊时期。另一方面，如果我的某些结论似乎只有哲学基础，那么它必定是由所谓的科学哲学和科学理论之间的模糊界限造成的。我通过类比宗教来说明这一点，宗教纯粹是从人类学的观点进行研究的，很少或根本没有提及宗教哲学，除非它构成了某一特定的宗教内容。

专业数学家不应期望在本书中找到对诸如实数系等主题的严格处理，因为这不是一本教科书。这是一本关于作为一种文化现象的数学著作，而并非关于数学本身。如果阅读完本书之后，专业数学家对其工作性质有了更深刻的理解，那么我认为我的目的就已经达到了。另一方面，我相信对于非数学专业的读者，尤其是研修社会学和人类学的学生来说，在阅读完本书后，将会对数学是什么有一个真正的理解，同时他可以忽略本书涉及的一些技术性知识并继续读到最后。

由于非数学专业领域的读者的缘故，本书对现代数学的相关内容进行了介绍，不仅包括它是什么、它是如何发展的，还从数学教学的角度介绍了正在发生的事情。为了同时照顾数学专业和非数学专业的读者，本书的第 1 章介绍初步概念，我希望它包含足够多的关于文化人类学的资料，以及我们日常所使用的十进制系统的性质，以帮助阐明一些技术性术语。如果读者熟悉该内容，那么可以忽略这部分的所有资料，从第 2 章开始阅读。

参考书目提供作者的名字和日期，因此“Bell，1933，P. 20”指的是贝尔在 1931 年的出版物，具体到第 20 页。对本书内容的引用一般只提供章和节，如果引用同一章内不同节的内容，则省略章号。

我感激那些为我的观点的形成做出贡献的同事和学生，人数太多以至于我没办法一一列举出他们的名字。我特别感谢我的人类学家朋友莱斯利·怀特教授，还有我的孩子贝蒂·安·迪林厄姆（她阅读了初稿并做了评论）和大卫，这两位社会学家与我一起对很多相关的资料进行了讨论，此处所呈现出来的想法是众人努力的结果。我要感谢我的同事菲利普·琼斯教授和我以前的学生爱丽丝·迪金森教授，感谢他们的讨论与鼓励。特别感谢秘书玛丽·安·索伯女士的协助。另外，我还要感谢大学和学院让我有机会从文化的角度讲授数学。正是由于听众们的鼓励，我才决定写这本书。我希望那些听过我的讲座并且碰巧读到这本书的人会意识到两者之间的相似之处。还要感谢密歇根科学与技术研究所和佛罗里达州立大学的支持，分别在 1960—1961 年和 1961—1962 年授予我研究教授的职位，为研究工作提供了时间支持和经费资助。

怀尔德

安阿伯市，美国密歇根州

1968 年 5 月

平装版前言

鉴于在该研究中存在着一些误解，因此有必要对其性质和目的做简要的说明。

严谨地说，这不应被视为一项纯粹的历史研究。的确，这里涉及很多历史，特别是关于数和几何概念的发展。然而，讲述历史真正的目的在于提供一种方式来发现和阐述影响数学演变的文化力量的性质，而并非单纯呈现一个完整的历史发展过程。比如，在第 4 章中关于数演变为“超限”数的简要描述只是为了强调是数学内部的力量推动了这一发展，这甚至违背了其最杰出的创造者乔治·康托尔的个人哲学(顺便说一下，这一内容可以省略不看，并不妨碍对后面内容的理解。重要的是要意识到数及其算术一起被扩展到无限并非数学上的突发奇想，而是由于其内部强大的作用力)。

阐述数和几何在历史上的局限性是为了方便非专业的读者进行理解，他们对数学的认识可能局限于中小学阶段；还包括其他领域的同事，特别是我希望文化人类学家能够较之前更好地理解数学[这是我在人类学期刊《美国人类学家》(*American Anthropologist*)上发表的一篇评论中所提到的，第 72 卷，第 1468—1469 页]。在这里，我不得不重复在前言中提到的，数和几何的发展基本上展现了高等数学发展过程中的所有特点。

我还希望这一写作方式的改进，有助于改变人们对数学历史的看法，我认为这一希望是可以实现的。数字系统或几何规则的知识并非本来就有，是需要人类去发明的，并且还需要发明的动机。没有数学的文化需求，就不会有数学，我相信历史能够反映这一事实。

另一个需要澄清的误解涉及“符号”一词的意义。符号是一种象征着某种意义的事物，它能够被感知。它可能是一个手势、一个声音、一个单词，或者任何有指代性的东西。“数学符号”中的符号有着更狭隘的意义，它仅代表一类特殊的符号。不幸的是，大部分数学家都被精炼的符号所包围，以至于他容易忘记他所使用的数学符号只是我们日常活动所使用符号的一个特殊子类。对于警察或军人来说，服装是表明其职业的标志。我们中许多人都佩戴着象征我们的信仰或与兄弟会友好关系的徽章。广告商通过广播、电视、印刷和其他的展示形式不停地重复着文字、设计和图片，目的在于创造符号，每当我们想要购买他们所出售的商品时，这些符号会自动浮现在我们的脑海中。毫不夸张地说，我们身边充斥着各种符号。对于一般人来说，最重要的符号是文字（口头的或印刷的）。正如数学家使用特殊符号来代表他们的概念一样，我们所有人都使用诸如"猫"、"金钱"、"汽车"、"电视"等文字来代表我们日常生活中的重要物品。

因此，土著居民的原始数词、表示数的卵石集合、希腊人的几何图形（其中的图形和文字都是符号）、阿拉伯人的修辞代数等等，都与现代代数和分析一样具有象征意义。它们的差异是由数学符号的进一步演变导致的，这些演变是由数学中的"遗传张力（hereditary stress）"驱动的。虽然希腊数学在逻辑辩证法的演变过程中可能没有遭受到言语表达的困扰，但是最终它也许因为未能发展出更高级的符号而受到抑制。

已故的历史学家乔治·萨顿认为，研究数学历史的主要原因在于它的人文价值。致力于叙述重要的数学发明及其创始人的轶事，当然符合这一标准。但同时，通过研究数学及其与文化环境之间的相互作用，可以得到更为深刻的理解和开拓出更广阔的视野。这不仅需要对历史事件进行叙述，而且还需要探究激发其动机的文化性质的演变力量。我相信，这些知识不仅可以提高外行人对我们文化中数学的性质和重要性的理解，而且让每一位教师从中受益。甚至，即使是富有创造力的数学家也能从中获利。每当我回顾我的科研工作时，我发现，对我过去产生影响的文化力量对正在进行的研究也在产生影响，而且对我未来想要完成的研究同样会产生影响，特别是在问题的选择上。

我们所知道的数学，除了计算的基本原理外，几乎没有什么必然性。另外一个星球上"有智力的"生命体的数学可能与我们的数学大不相同。但显然不可避免的是，任何一种生命形式在发明文化、进化的同时，也在创造数学。地球上每一种文化都发明了一种基本的计数方式，一些更先进的文化更是设计出了算术运算和各种基本的几何规则。在一种文化中，只有形成了某一特殊的阶层（比如古希腊），这一阶层的人花时间进行数学研究，数学才得以有显著的发展。这一特殊的阶层会随着文化的需求而发展并得到支持。一旦数学成为公认的专业，就可以预料到它将像任何一种完善的文化元素一样拥有生命力，根据自身的需要及孕育它的文化的需求而成长。

简而言之，写这本书的主要目的是强调数学是人类文化遗产的自然组成部分，并探究将数学发展成如此庞大的知识体系的动机["力量(forces)"]。由于之前还尚未有过这一类型的研究，因而给出一个明确的研究方法几乎是不可能的。就像布罗德本特教授在他敏锐的评论[《数学公报》(*The Mathematical Gazette*)，第 54 卷，1970 年，第 70 页]中指出的那样，这本书"没有提供一系列华而不实、肤浅的答案，相反，它列举事实，提出问题并给出可能的解释"。除了明确提到的问题之外，有洞察力的读者将会发现更多的问题，本版本为进一步的研究提供了可能性。

怀尔德

圣巴巴拉市，加利福尼亚州

1973 年 4 月

绪　论

1　数学的性质

每个文明人都不同程度地使用着数学，仅仅考虑计算现金，就可以发现我们生活的各个阶段都离不开数学。尽管如此，我们还是得说，数学是一门被误解最深的学科。我的意思是，这门学科的性质一般不为人所知，很少人能够了解它的技术性，不仅因为它极其复杂，还因为很少人选择数学作为一种职业。

在文明国家，我们一开始学习说话就开始接受数学训练，直至从小学、高中到大学，但我们对于数学的性质及其与其他文化的关系有着截然不同的理解。此外，一些专业数学家持有不同的观点，比如说：

“在纯数学中，我们致力于思考神圣的真理，它们在晨星一起唱歌之前就存在于神圣的心灵中了，当最后一位光辉的主人从天上坠落时，它们也将继续存在。”(贝尔，1993 年，第 20 页)这句话出自著名的爱德华·艾弗里特之口，在同时代人的眼中，他的演说超越了林肯在葛底斯堡的演讲。

“数学是一种能够让平庸的头脑迅速解决复杂问题的工具。”——来自一本物理学教科书(Firestone，1939)。

“我相信数学现实(reality)存在于我们之外，我们的作用在于发现或观察它，我们证明并且夸张地描述为我们‘创造’的定理仅仅是我们观察的笔记而已。”——一位著名的现代数学家说道(Hardy，1941，PP. 63—64)。

“我们已经克服了数学真理独立于我们自身的思想而存在的观念。甚至让我们感到奇怪的是，这样的观念竟然存在过。”——这是一位著名的现代数学家和另一位同样著名的科学作家发表的联合声明(Kasner and Newman，1940，P. 359)。

“数学是一项人类的发明，这是最浅显的真理。”——一位杰出的现代物理学家写道(Bridgman，1927)。

这些观点包含各种神秘主义、实用主义、柏拉图主义和“常识”的元素。显然，它们跟数学的定义无关，而是作为一种对数学性质的看法。大概只有专业数学家或科学哲学家才能够尝试对数学下定义。然而，任何人都有权发表自己关于数学性质及其作用的看法。

在过去的50年中，很多祖先遗留下来的数学概念都发生了变化，数学发展得如此之快以至于在20世纪前20年里如果数学家没有跟上这些变化，那么他就会被淘汰。我想起了一位在大湖地区工作的病理学家的评论，在讨论普遍使用碘盐对甲状腺的影响时，他提到1920年的病理学家会无法解释他今天在甲状腺组织中看到的东西。同样地，1920年的数学家如果没有跟上其领域的前沿发展，也会无法理解当前的期刊论文。因此，1920年对于数学性质的描述在今天看来可能是非常不充分的。

以上论述提出了一个问题：这些变化是否都是有益的？或者，用一个描述古希腊数学发展的特点的短语来说，这门学科是否走了一个“错误的弯路”？

2 学校数学

另一个问题与数学教学有关：这些变化对数学教学产生了怎样的影响？

研究生阶段的课程一般都是与时俱进的。教授这些课程的教授们通过他们的研究，掌握着这些变化的最新动态。在本科阶段，这种影响同样很显著，尤其是主要大学(major university)。然而，中学里仍在教授着中世纪的数学，直到现在才受到由国家科学基金会和其他机构所支持编写的实验课本的挑战。当然，这意味着父母们也开始感受到这些变化带来的影响，并开始想了解他们的孩子所接触到的“新奇”观念。若这些变化只影响到大学里的研究生，数学界就可以按照众所周知的“象牙塔”的方式发展。但是，当玛丽和约翰尼开始带着连父母都无法理解的数学课本回家时(即使他们都获得了优秀大学的学士学位)，那一定是发生了一些奇怪的事情，也许校董会应该调查一下！

一个根本的问题是，父母往往不明白，数学并不是过去的神明传给某些数学“摩西(Moses)”的东西。它是由人类自己创造的，而他所创造的数学与其他适应性机制一样，都是为了满足当时文化的需求。几乎每个原始部落都在某种程度上发明了数字，但只有在苏美尔-巴比伦文明、中国文明、玛雅文明等发明了贸易、建筑、税收和其他“文明”附属物时，数字系统才得以建立。在希腊以前，苏美尔-巴比伦创造的数学是最先进的数学。事实上，它是如此先进(正如我们最近才了解到的那样)以至于人们想知道，小巴比伦人玛丽和约翰尼的父母是否会呼吁神庙的文士证明他们所教导的思想是合理的。

也许没有任何一门学科比数学更容易受到教学质量的影响，许多糟糕的教学都是因为它们未能激发出创造数学的激情。使学生对数学感到兴奋的必要条件是老师自己对数学感兴趣。如果他没有，那么再多的教学培训也无法弥补这个缺陷。

毫无疑问，数学中的一个困难是它需要通过精细复杂的符号技术来表达。如果一个教师将全部精力放在符号技术的操练上，以至于忽视了符号的概念背景，那么他注定会使学生失去数学兴趣，同时会使他们对当前流行的数学产生许多误解。另一方面，关于数学演变的讨论应该阐明一点，在数字系统被建立之前，即使是最基本的数概念也不会有太大的推广。

有一个很好的例子可以证明这一点，那就是人类与其他动物的区别在于人类使用符号的方式（见 White，1949，Chap. 11）。人类拥有我们所说的符号主动性（symbolic initiative），也就是说，他可以用特定的符号来代表某一对象或观点，建立二者之间的关系，并在概念层面上进行操作。就目前所知，其他动物不具备这种能力，尽管许多动物确实表现出我们所说的符号反射性（symbolic reflex）行为。因此，可以教狗在听到“躺下”的命令后躺下；对巴甫洛夫的狗来说，铃铛代表食物。在几年前一本流行的杂志上，描述了一位心理学家教鸽子通过按特定颜色的按钮来获取食物，这些都是关于符号反射性行为的例子——动物们不创造符号，但可以学会对这些符号做出反应，就像它们对其他环境刺激物的反应一样。

作为我们文化的一部分，数学完全依赖于符号并且表达符号之间的关系，这对于非人类动物来说可能是最无法理解的。然而，来源于符号主动性的大部分数学行为下降到了符号反射性水平。我们记住乘法表，然后学习用于乘法和除法的运算法则。我们记住分数的运算法则和求解方程的公式。这些是合理的节省劳力的工具，专业数学家经常花费很多精力去设计它们。然而，专业数学家理解他所做的事情的目的，但学习这些工具的学生通常不理解其中的原理。学生要理解这一过程需要符号主动性，但往往他们只涉及了符号反射性水平。

相当一部分被认为是“好”的数学教学已经变成了符号反射型教学，不涉及符号主动性。这是一种训练式的教学方式，可能可以帮助愚蠢的约翰在数学上获得一个必修的学分，但是会让有创造力的威廉感到厌烦，以至于讨厌这门学科。教人类用算法求数的平方根与教鸽子通过按特定颜色的按钮获取食物,两者有什么本质的区别呢?也许强调符号反射性教学在某种程度上是合理的,例如教授年龄很小的学生,因为这更接近他们发展中所谓的动物阶段。但当他接近成熟时,当然更应该强调他的符号主动性。

3 数学的人文价值

在演变的过程中,数学带来了很多人文价值,对于数学爱好者来说,它可能是一门人文学科。为了使其不被误解,我需要指出的是,这里"人文"一词表示一种对美学的追求,它通常以艺术、文学、音乐的形式呈现,然而在数学中则表现为使用某种符号来达到美、简单、和谐等。

有证据表明,在这个意义上,巴比伦数学已开始具备人文特征,换句话说,巴比伦的数学家们已开始沉迷于"数学本身"。如果要求一个人从数学中选择出对非数学事务有一点用的部分,他可能会选择数论。作为数学的一部分,业余爱好者可以在相当大的程度上理解它,因为它只涉及"自然数",即我们用于计数的1,2,3,…显然它是从巴比伦人那里开始的。

就像今天的数学一样,巴比伦数学是一门科学——我更倾向于称之为数字科学(number science)(见2.3.2节),因为它只包含自然数和它们之间的关系,以及对六十进制和度量法则的扩展。或许我应该解释一下,我认为"科学"是对物理或其他(如社会)现实的概念理论或模型的建构,以适应和预测为目的,并可能包括为理论提供依据和检验的描述性和实证性活动。起初,巴比伦数学并不是一门科学,至多也只是原始文化中由几个数词组成的科学而已。但最终巴比伦人发展了数概念(the concept of number),这是一项不平凡的成就。我们所谓的科学的概念逐步发展起来了,这很重要,因为它一旦诞生,人们就可以想象出比他们在物理世界中观察到的更大的数,并进一步研究它们的性质。在发现了这些性质之后,人们可以利用它们进行预测,例如,一个泥瓦匠需要多少砖块才能建造一堵墙。再比如,人们现在知道了如何通过加法和乘法结合数字,以及如何在一定的规则下使用数学来获取交易和建筑中所需要的信息。当然,我们今天把这一切都视为理所当然,但对巴比伦人来说,这是一个激动人心的经历。在这个过程中,他们开始发现他们的数具有某些性质,体现了和谐、简单的人文特征。尽管亚述学表明他们对这些性质的研究还不够深入。

关于这一方面，公元前 6 世纪希腊的毕达哥拉斯学派（麦格纳·格雷西亚）有更加深入的研究（见 2.3.4 节）。他们的大部分术语，例如“亲和”数、“友好”和“完美”数，都具有人文主义色彩。他们被自然数无穷无尽的绝妙特征和多种多样的新应用（如在音乐上）迷住了，因而最终把数视为一个神秘的角色，并在哲学中给予它们一个突出的地位。毫不夸张地说，毕达哥拉斯数学（也包括几何学）更像是人文学科而非科学。

现在我们将焦点转向几何学的演变，可以发现，它也具有从纯科学到人文的趋势。巴比伦数学中几乎没有所谓的几何学，而仅仅是一套测量的规则，没有比计算一笔钱的利息更有意义了。但是希腊数学，从泥瓦匠、木匠和测量员所使用的模型中抽象出三角形、矩形、多边形、规则的立体图形等概念，最终根据一些简单的公理并采用演绎逻辑的方法演变出一套合理的理论。它现在是一门真正的科学，因为这个理论似乎很好地代表了物理世界中可感知的模式，而在其发展过程中，人文主义也发挥了重要的作用。也许读者已经听说过毕达哥拉斯学派发现了这样一对线段，无论选择的单位长度有多小，都不能够精确地测量出这两条线段的长度，即使精确地测量出了其中的一条线段的长度，另一条也仍无法测量出来。这样的一对线段我们称之是不可通约的。例如，一个正方形的边长和同一个正方形的对角线是不可通约的。由于毕达哥拉斯几何学将所有线段都是可通约的这一假设作为其基础的一部分，因此只有在提供了一个承认不可通约量的新基础后才得以解决“危机”。与此同时，芝诺关于直线段上无穷远点的悖论也对数学的科学性的可靠程度提出了挑战。

现在我确信，普通的希腊人对这场危机一无所知，就像美国人不知道本世纪初数学基础发展的情况一样。诸如像区分可通约线段和不可通约线段这种如此精细的事情对于木匠、工程师甚至是物理学家有什么用处呢？长度的测量只是近似的，人们永远无法对一个物理对象进行精确的数学度量，那么为什么要为这些事情费心呢？幸运的是，希腊哲学家们——在那个时代，数学家亦是哲学家——追求完美，而这是对美的一种破坏，同时也曲解了几何测量系统的简单性。于是他们着手重建几何理论并提出了解决方案，这对后来所有的数学和科学都产生了深远的影响。首先，对希腊人来说具有强烈美学吸引力的演绎法被其他科学采用了，并且目前有迹象表明，社会科学也会利用公理化方法进行理论的发展。公理化方法是当今数学最重要的研究工具之一。人们也应该关注数学的人文性对科学的贡献。对完美的追求导致了一种建构理论的方法,即公理化方法的发展,没有公理化方法,现代数学和科学几乎无法前进。

让我们考虑同一现象的另一个例子,这涉及平行公设。它有不同的陈述形式,其中最简单的一种就是,如果 L 是一条直线,p 是直线 L 外一点,那么过点 p 有且只有一条直线平行于 L,并与 L 在同一平面上。这一说法虽然与欧几里得的陈述有所不同,但基本一致。有迹象表明,欧几里得对这一公设并不满意,从某种意义上说,他怀疑这可能没有必要。如果一个人在建立一个理论前陈述了一些基本假设(公理),那么他倾向于认为这里的任何一个公理都不能由其他公理逻辑推理出来。专业上,我们称之为"独立性",即所有公理都是独立的。因此,如果我们从公理中推导出一个理论并且将这一理论包含进公理集合中,那么这些公理就不再是独立的。这样做没有任何问题——除非人们认为这在美学上行不通。在数学中,我们唯一做过这样的事情是在以公理系统作为教学主题的基础时,我们有时会将一个很难证明的定理放在公理之中。

再回到希腊人中,他们明显觉得使用平行公设在美学上是令人不满意的。这一直持续了几个世纪,人们普遍认为平行公设可能可以由欧几里得的《几何原本》所述的其他几何公理推导出来。

在证明平行公设可以由其他公理推导出来的尝试中,最终采取了另一种形式,即如果把平行公设的否定形式添加到其他公理集合中,就会产生矛盾,这就是经典的反证法。这些尝试中最著名的是意大利的萨凯里,他在这方面的研究成果发表于 1733 年的一本书中,这本书的拉丁文标题 *Euclides ab omni naevo vindicatus* 被翻译成"欧几里得摆脱了所有的缺陷"。人们可以从这个标题中推断出萨凯里认为他已经达到了他的目的,即证明了平行公设的否定形式会导致矛盾。另外,这项研究被视为是以下"规则"的最好例子之一:"如果事实与理论不符,就必须加以处理。"[①]如果萨凯里没有完全相信平行公设是非独立的,那么他今天可能会成为非欧几何学的创始人。但是他无法让自己陷入这样的"异端邪说",因此他"无力地发展出一种难以令人信服的矛盾,这一矛盾涉及无限元素的模糊概念"(Eves,1953,P. 124)。

---

① 这可能归功于黑格尔。我对这项规则的认识源于心理学家迈尔的想法。

“这个问题的真相”最终必然会被发现，在19世纪的前三分之一时间里，至少有3位数学家（高斯、波尔约和罗巴切夫斯基）几乎同时发现了这一真相，任何熟悉现代科学演变方式的人都不会对此感到惊讶。高斯是个非常厉害的数学家，所以他不会犯萨凯里的错误，但他又同萨凯里一样，害怕陷入“异端邪说”，因此他没有发表他的研究结果。与高斯不同，波尔约和罗巴切夫斯基发表了他们的研究结果，但是他们的想法是如此相似，以至于他们受到怀疑甚至剽窃的指控。[①] 他们所研究的非欧几何现在被称为双曲几何。大约20年后，黎曼发明了另一种非欧几何，即椭圆几何，由此勾勒出一幅关于非欧几何的完美画卷。

这是另一个以美学为主要动力的案例，对任何一位理智和正直的公民来说，追求美是极其浪费时间的事情——如音乐创作或诗歌写作。它不易被普通人所欣赏，即使对于那些不太“务实的”人来说，可能仍然是这样。这些看似“不切实际”的问题，其实存在着一条主线，即从古希腊几何公理独立性问题的提出，到波尔约、罗巴切夫斯基和黎曼在非欧几何中的回答，再到相对论的提出（相对论的提出以黎曼几何为基础），最终到核裂变的发展。这就是一个可以用来说服研究基金的分配者支持纯数学的基础研究（通常意味着数学中的“人文元素”）的有力论据。当然，人们可能会觉得核裂变的发明是一种灾难，但是人们不能将这些技术副产品归咎于数学或科学，正如人们不能将摇滚乐归咎于音乐的理论和实践一样。

对于“数学人文主义”的美学追求，还可以给出很多类似的例子。例如，根据民间传说，一位古希腊诗人认为，米诺斯国王对他儿子的陵墓的规格并不满意，并下令将其扩大一倍，他声称，陵墓的每一面都要加倍。希腊几何学家意识到这一想法是错误的，于是提出了一个问题：如何在保持立方体形状不变的条件下将立方体的体积翻倍呢？根据民间的传说，提出了“倍立方体”的问题。根据一些历史学家的研究，米奈克穆斯（亚历山大大帝的导师）为了解决这个问题发明了圆锥曲线（参见Eves，1953，P. 83）。[然而，诺伊格鲍尔（Neugebauer，1957，P. 226）推测“倍立方体”的问题起源于日晷理论]

现今，无论问题的真正根源是什么，任何一个称职的希腊工匠至少都能达到

---

① 有关此类案例的有趣描述，请参见1957年默顿发表的文章。对于“在科学中，多重发现是一种规律”这一论点，默顿还提供了一个很好的例子，可参见1961年默顿的文章。

他的目的，即对一个立方体进行加倍。但是希腊数学家想要的是在追求美学的同时，得到数学上精确的解法。这又是一种对纯粹的人文主义的追求。也许圆锥曲线对于希腊人来说没有其他用处，但如果希腊人没有发现圆锥曲线及其性质，也许大约 2 000 年后的天文学家开普勒就没有办法利用它来表达自己的著名定律，也许就不会有万有引力定律，进而那些能够拍摄月球背面的月球探测器也就不可能出现。①

对于没有经历过数学创造所带来的快乐的人来说，他难以发现音乐创作、抽象绘画的创作以及数学概念的创造三者之间的相似之处。也许不去尝试也无妨。我回想起几年前，一位著名的数学家埃米尔·阿廷在美国科学研究协会(Sigma Xi)上所作的演讲。虽然阿廷的主要专业是代数，但他也是一位拓扑学家。纽结和辫子的性质与分类一直是拓扑学的关注点，阿廷成功地完成了对辫子的分类(纽结仍未分类完全)。他在演讲中解释了他对辫子的研究。因为他善于阐述，所以他说的大部分内容对于他的听众来说都是很清楚的(听众大部分都是非数学家)。但有一次，一个人站起来说："您的演讲非常有趣，但这样的研究到底有什么用呢?"阿廷回答道："我靠它谋生!"幸运的是，他意识到辩护是徒劳的。

很多专业数学家认为数学是一门艺术，这并不奇怪，因为数学中的创造性工作与诸如音乐和绘画的艺术追求有许多共同特征。此外，数学中许多超前的灵感来源于创造者们的艺术冲动。其他科学领域的创造性工作也是如此，尤其是当需要建立起相当大的理论系统时，理论物理就是一个很好的例子。然而，人类活动的文化意义并非主要取决于个体实践者的动机。从文化的角度来看，更加重要且根本的是这一活动在其所嵌入的文化中所起到的作用。例如，对于宗教信徒来说，宗教的重要性通常体现在宗教能够给予他们安慰以及情感上的满足。然而，作为文化的基本组成部分之一，宗教更多是作为一种使文化整合、统一和凝聚的工具。同样，尽管从数学家个体的角度来看，数学的人文方面可能更为重要，但是在我们的文化中，数学更多的是作为一门基础科学(国家科学基金会和其他机构共同见证了数学对其他科学所起到的作用)。

我倾向于认为，这促成了所谓的纯数学与应用数学的分裂——这是大学里

---

① 有关这一内容的有趣分析和例子，可参见 1959 年博耶的著作(Boyer, 1959)。

“科学”与“人文”分裂的一个缩影。不论是数学领域还是其他领域，都已进入一个专业化时代。“通晓数学”的全知全能者已经不存在了，一般的数学家只能希望在可利用的时间内获得尽可能广泛的基础，以便在他衰老之前能够在这些知识的前沿领域有所作为。于是，数学家们被划分为代数学家、几何学家、分析学家、逻辑学家、统计学家等等，而且每个类别都有其子类别。这是对我提到的“纯粹”和“应用”的更广泛的划分。

“应用数学”一词显然不可能有精确的定义。在“过去的美好时光”中，定义“应用数学”是没有必要的，因为自从“数学家”这个词成为一个有意义的称谓以来，直到现代，“纯数学”与“应用数学”通常是一起被发现的。我认为这是一种非常健康的状况。数学根植于物理和社会环境，人们在其中获取新思想的灵感。巴比伦的“数学家”依靠他所处的环境进行思考，但最终他开始从他在自然数里发现的特性中获得灵感。当一个数学家在发展自己的理论基础时，一直保持其对所处环境的关注，以便从理论与环境（指理论中所模拟的环境）的相互作用中得到灵感，我就称他为应用数学家。但是当他沉迷于数学概念，把研究局限于这些概念的性质而不考虑环境时，他便成为了一个“纯数学家”——对他来说数学的人文方面更为重要。

在这方面，数学演变的总体图景正在显现。它表明了一个趋势，即从环境中建构概念，再将这些概念概括以至于达到更加抽象的级别。在纯数学领域里，这些概念似乎具有生命力，研究型数学家有时会感觉到他被概念所引导而非他去引导概念！例如，无线电波的发现者海因里希·赫兹说到：“每个人都会不可避免地觉得这些数学公式是一个个独立的存在，它们有其自身的智慧，它们比我们聪明，甚至比它们的发现者还要聪明，我们从它们身上获得的比我们在它们身上投入的要多得多。”[①]数学已经将自己的概念添加到所谓的现实世界中，因此它的应用领域不仅包括物理和社会环境，还包括文化环境——越来越多的数学理论本身已经成为文化环境中的一部分。因此，有一种观点认为，将数学划分为纯科学和人文方面，是为了达到争论的目的而形成的一种非自然的分裂，这两者实际上是不可分割的。

① 此处引用贝尔 1937 年的出版物，第 16 页。

4　现代数学教育“改革”

由于纯数学与应用数学之间的对立，在中学课程现代化的尝试中产生了分歧。“改革者”似乎认为，“糟糕的”教学并不一定是教师的错，而是无论教师的背景还是他所教授的教材，都缺乏对概念材料的更新。这并不是说人们想要用一些新的东西来取代代数、几何和三角学，而是说要让它们受益于一种现代的方法，而这种现代的方法意识到直观理解概念背景的重要性。“改革”的主要批评者之一以寓言的方式指出：“我们的数学教师一直在教授木工手艺而非建筑，教授色彩混合而非绘画。”①

这种对现代化的迫切要求似乎具有文化推动力，人们猜测：反对现代化注定是毫无用处的，因为正在发生的一切都带有一种文化变革的特征，而我们不可能对文化变革的路线做出改变。如果通过新的方法可以使数学更容易被掌握，那么基础课程注定会涵盖比以往更多的内容。正如前面所提到的，大学对改革的回应是最积极的。在这方面，有一些很有意义的事实。②

在1834年的威廉姆斯学院，平面和立体几何以及现今属于高中代数的课程都是在大学一年级开设的。在大学二年级，则开设了欧几里得几何学和一些关于航海、测量、球面三角学和圆锥曲线的课程。在大学三年级，只有三分之一的时间学习数学，包括天文学和一些“导数”，后者是牛顿的微积分名称。在大学四年级则没有数学课。在欧柏林，情况也与之类似，但是没有涉及“导数”的教学，因此根本没有微积分的教学。在普林斯顿大学，微分学与积分学非常受重视，但是只用大三一半的时间来学习，并且只有高年级的学生才能上天文学课程。

因此，大学前两年的大部分时间都在学习中学里教的东西，在大学阶段，人们所学习的数学无法超出微积分领域，尽管数学、希腊语和拉丁语几乎构成了所有的大学教育。直到1876年，约翰·霍普斯金开设了数学研究生课程，人们才能学到微积分以外的数学课程。与此形成鲜明对比的是，如今许多预科院校都开设了

---

① M·克莱因于《纽约大学校友新闻》(*New York University Alumni News*)，1961年10月。

② 可参见斯坦利·奥美在汉密尔顿学院美国大学优等生荣誉学会的分会上所做的演讲，刊登于《关键记者》(*The Key Reporter*)，第25卷(1959年—1960年)。

微积分课程，而且只要有足够的师资力量，微积分就会逐渐大规模地进入公立高中。

这些是公众们可以感知到的关于数学不断演变的证据。尽管它们可能被认为是数学教育发展的一部分，而非数学演变的直接结果。对于后者，我们必须研究的是数学及其历史，观察它如何在内部和外部的力量的影响下发展。为了达到这个目的，最简单的就是研究数和几何概念的发展。因此，在本书中所引用的历史案例将来自这些领域，重点放在数字领域——人类智力成就中最深刻、最基本、最有用的一个领域之一。

1　预备概念

为了使读者在阅读本书时能够不被一些专业性术语所迷惑，本章简要介绍了人类学的文化理论的基本部分和不同位值制的记数方法。对这些问题已经熟知的读者可以略过本章直接进入第 2 章。

1.1　文化的概念

“文化”一词有多种用途，例如用于农业（土壤耕作）、生物学（一种发育中的微生物群）和社会（“有文化的”人）。然而在这里，这个术语的使用仅限于人类学的意义，或者应该说是某一人类学的意义，因为人类学家对这个术语给出了不同的定义（例如，见 kroeber and kluckhohn，1952）。在人类学文献中这个词最常见的意义是：一系列风俗、仪式、信仰、工具等文化元素组成的集合，它被一群由某些相互关联的元素联结起来的人所共有，例如居住在同一原始部落、地理上毗邻或者从事相同职业的成员。

1.1.1　作为一个有机整体的文化

在这个定义中，最重要的是要认识到“由某些相互关联的元素联结”这一短语的意义，因为这意味着文化元素不是彼此独立的，而是一个整体，其各部分之间以各种各样的、未被注意到的方式相互关联并相互影响着。因此，由中国的饮食习惯、普韦布洛陶器和英国餐具所组成的集合不会形成一种“文化”，即使它们分别是构成中国、普韦布洛和英国文化的元素。当文化元素，作为同一种文化下的元素时（如英国），通常会影响彼此的发展和使用。在更大的范围内，我们可以列举出原始人的技术状况（如农业）及其宗教信仰和仪式之间的关系。作为同一群体的文化元素，它们对彼此有着深刻的影响。

同一种文化的文化元素之间是如何相互影响的并非显而易见，除了社会科学家之外，其他人通常都不感兴趣。然而，这种相互影响的关系确实存在并使文化成为一种有机整体，某些文化元素的影响可以很容易证明。例如，汽车的引进对美国文化产生了影响，这一点已经在公共媒体上被反复讨论过。

1.1.2 文化与群体之间的关系

最不为人所知的，或许也是最具有争议的是拥有文化的人（文化群体）和文化本身之间的关系。要指出其中涉及的问题，首先应阐明这里至少有四种实体：(1)所研究文化中的特定群体；(2)群体中的个人；(3)群体所拥有的文化；(4)文化元素。在第(1)、(2)、(3)种情况下，人们通常可以相当精确地判断出所涉及的群体(顺便说一句，为了简洁，我们在这里忽略了可能介于整个群体和个体之间的不同类型的子群体)。关于(4)，必须考虑什么能被视为构成文化的元素。这通常取决于一个人的目的。例如，在美国城市社区的文化中，为了某些目的，可以将所有的宗教表现都归为一个类别——文化的宗教元素。然而，出于其他目的，可能有必要降低等级，将基督教、犹太教、佛教和其他宗教作为文化元素加以区分；或者，可以想象一个更低的层次，即区分天主教元素、浸礼会元素等等。同样地，所有的科学活动都可以归为一种文化元素；或者，对于手头上的特定问题，可能有必要把科学的学术方面看作一种文化元素，而工业实验室中所使用的应用科学则被看作是另一种文化元素。

这些约定的灵活性在“文化”一词本身的使用上最为显著。在一种语境中被视为是文化元素的，可能是另一种语境下的整体文化。在前面我们谈到过城市社区的文化，然而，如果一个人在研究整个美国的文化，那么他可能会把“城市元素”作为构成美国文化整体的文化元素之一，一个特定城市社区的文化就会成为这种文化元素的一个特定部分。

毫无疑问，最困难的是厘清(1)、(2)和(3)、(4)之间的关系，具体来说，就是厘清(1)和(3)、(2)和(3)、(1)和(4)、(2)和(4)之间的关系。关于(1)和(3)，人们可以问：“人们在哪里获得他们的文化?”当然，部分答案是，他们是从前辈那里继承下来的。在语言方面这是很明显的，在国家宗教方面也是如此。但是文化并非一成不变，语言也经历了一些转变，宗教也是如此，尽管过程可能更缓慢些。回想一下我们所使用的“有机整体”这一术语，它本身也是变化着的。特别是，今天的美国文化元素与 1900 年的文化元素早已不同。

现在让我们来关注前面已经提到过的两种文化元素，即语言和汽车。语言学家早就知道一个奇怪的事实，即语言的长期变化可以被阐述为“规律”。谁或哪种人使用这些语言似乎是无关紧要的；几个世纪以来，语言的变化遵循着特定的模式——“规律”。另一方面，也有很多例子表明，个别单词是由个体引入语言中的，比如已故总统哈丁引入单词“normalcy”。稍加分析就会发现，哈丁是从已经存在的单词和单词形式中获得这个词的，就像医学研究者可能从已知的拉丁语或希腊语单词中发明一个术语一样，这个术语最终会成为常用的词语（如“关节炎”、“细菌”等）。然而，语言学家对个体是如何引入词汇的几乎不感兴趣，他们主要的兴趣在于语言是如何从它们的元素（音素、词汇等）中构造出来的，以及它们是如何演变的。

汽车这一例子是非常有趣的，它的演变史是众所周知的，它不是由一个人发明而来的。在发明汽车之前，必须要有许多其他的文化元素。除了显而易见的机械知识和设备（齿轮、切削工具等）之外，还需要有合适的燃料，并对燃料的化学成分有一定的了解，同时经济需求与接受能力为汽车的销售提供可能。简而言之，人们可以断言，当时的西方文化（现在包括英国、法国以及美国等）包含了一系列复杂的元素（机械、经济、化学）和自然资源，以及它们之间形成的各种关系，甚至包括了我们现在称为汽车的前身。此外，我们可以有把握地推测，就算所有的汽车发明家都在他们的婴儿时期就已经死去，汽车还是会被发明出来。关于飞机也可以做出类似的评论。奥维尔·莱特和威尔伯·莱特被誉为第一架“可飞行”飞机的发明者。然而，就像汽车一样，他们的成就是建立在已知的文化元素之上的，当时西方文化的广泛领域都正在研究如何成功地制造一架“比空气重的飞行机器”的问题。

以上讨论只是暗示了关于一个群体与其文化之间的关系的复杂性。显然，文化是一种从祖先那里继承下来的“东西”。从祖先那里，他们获得了自己的语言、宗教、社会习俗、技能、工具，如果文明程度足够高的话，还会有数学。这种传递给他们的“东西”构成了他们生活的全部，他们不仅要依赖他们所继承的文化去生活，而且他们取得“进步”的唯一途径就是在这种文化的框架下工作。此外，他们所能做的改变或改进会受到他们所继承文化的限制。对每一种情况的详尽分析表明，文化已经为这些变化“做好准备”，这一点在重大变化的情况下尤为明显。的确，许多微小的变化，例如将某一新单词引入语言中可能由个人就可以做到，但是在这里通常可以发现文化的影响（例如“normalcy”这一术语，哈丁如果不是受到当时美国的经济和政治形势的影响，他是绝对不会想到这一个单词的）。

1.1.3 文化"生命"和个体"生命"的对比

群体与他们的文化之间的关系的另一个重要方面在于(发生灾难性事件除外),尽管参与其中的群体完全被一个新的群体(即他们的后代)所取代,但在一定的时间内,他们的文化会继续生存和发展。那么,在某种意义上,文化是独立于拥有它的群体而存在的,除了那些失去了承受群体就不可能存在的文化。人类学家一致认为,群体中的个体身份并不是影响文化发展的因素。我们不妨想象一下,如果在一个给定的社会中和一个给定的时间段内所有的人都未出生,而他们在受孕过程中由于竞争被其潜在的兄弟姐妹取代了,那么即使如此,文化也仍旧会保持着与当前大体相同的状态。一旦我们得出了这个结论,问题自然就出现了:是否存在类似于语言文化元素的"规律"来"支配"文化的演变方式?换句话说,即是否能够建立一种类似于生物进化论的文化演变论呢?

在这一点上,可以肯定地说,在现代社会中没有一种文化是单独存在的,就像个人一样,它总是与其他文化联系在一起。正如一个人通过社交接触,从另一个人那里获得了新的想法一样,一个文化也会从其他文化中吸收新的元素。如果文化 A 比文化 B 制造出更好的捕鼠器,而文化 B 发现了,那么文化 B 肯定会模仿其设计——当然需要在文化 B 有可用的材料和生产的人力等前提下,同时它遭受到鼠患的困扰。因此,在探索文化演变的"规律"时,有必要考虑某种文化所受到的来自其他文化的影响。

1.2 文化变革与成长的过程

正如人们所预料的那样,当文化处在情况(1),即与其他多种文化接触,(且/或)处在情况(2),即具有最多元化的文化元素时,往往会发生较大的变革。在情况(1)下会发生渗透(diffusion),[①]即概念和习俗从一种文化传递到另一种文化;在情况(2)中,多元化会导致文化元素之间的渗透(举例来说,美国文化中的商业

① 对于"文化适应"、"同化"和"渗透"等术语之间的区别,我们一般不进行讨论,而是选择了后者。由于我们的讨论是针对一种特定的文化元素——数学,而非人类学的论述,所以我们不得不尽可能地简略术语,忽视在一般的文化研究中需要的细节。[在克罗伯(1948 年,第 426 页)的研究中,我们发现:"当我们通过文化到文化之间的漫游来研究某种特定文化的特征或复杂性或某种习俗的命运时,我们称之为渗透研究。"]

元素利用了“纯”科学的成果,还受到了电视对戏剧的影响)。在古代,渗透常常通过贸易或战争的媒介发生;在现代,渗透的工具不胜枚举,其中最突出的是旅游、印刷媒体、广播和电视。

如果采用文化元素 E 后提高了实现文化 B 的目标的效率,那么文化元素 E 从一种文化渗透到邻近文化(例如从文化 A 到文化 B)的可能性会大大增强。例如,若 A 指的是西班牙文化,E 指的是马,B 是印度文化中依赖于狩猎以获得食物的一种文化,则通过将马作为获取食物(以及防御敌人)的工具,可以使 B 获得更大的效率。而在普韦布洛文化中,发达的农业促进了食物的供应,马的使用也就没有渗透到其文化中去。

在其他情况下,新的文化元素的采用只能在局部发挥作用,只要其优势足以吸引宿主文化的某些部分,就会发生渗透,但不是被整个文化所采用。有以下例子:文化 B 是美国文化,文化元素 E 是度量的公制系统。科学“子文化”已经采用了公制,但是作为一个整体的美国文化却没有。就整个美国文化而言,这是人类学家称之为文化滞后(cultural lag)的一个例子,因为使用公制系统最终会带来明显的优势。这种抵制变化的类型即文化滞后,可以被认为是一种保守主义。毫无疑问,这种文化滞后在文化中具有其生存价值,用克罗伯的话说:“一种文化如此地不稳定和新奇,以至于它可以不断地改变宗教、政府、社会阶级、财产、饮食习惯、礼仪和道德,甚至可以在一个人的一生中都不断改变,那么它存活下来几乎也就不具有什么吸引力……由于缺乏必要的连续性,在与更稳定的文化进行比较或竞争时,它可能不会存活很长时间。”(Kroeber,1948,P. 257)

文化元素渗透中一个更显著的障碍可能是文化抵制(cultural resistance)。这是能够观察到的,特别是新元素取代旧元素的时候(新旧元素在文化中都服务于同一目的)。就算没有克罗伯所描述的文化滞后,实现文化目标的效率可能也得不到明显的提高。在宗教领域就有这样的例子,任何传教士都可以证明这一点。当然,渗透可以通过强制施加进而发生。这方面的例子在军事征服史上比比皆是。当新元素强迫服务于相同目的的旧元素离开时,文化抵制的力量就变得十分惊人。现今人们发现,在美国西南部的普韦布洛文化中,普韦布洛宗教的古老形式与 400 多年前由西班牙征服者引入的罗马天主教共存并交织在一起。

在军事征服带来渗透的情况下,经常观察到一种有趣的现象,即渗透发生在相反的方向——从被征服者到征服者,尤其是在数学方面。虽然 7 世纪穆斯林的征服伴随着许多不幸的破坏,但如果征服者没有对那些被征服国家的数学进行吸收学习的话,可以推测,许多古希腊和印度的数学研究可能就永远丢失了。

很明显,当一个人试图建立一个文化演变的理论时,诸如渗透、文化滞后、文化抵制等“力量”将会被考虑在内。但一个基本的事实是,它的拥有者,即拥有这种文化的人,一代又一代地死去,于是我们会问: 是什么使得文化演变成为可能呢? 举个例子,飞机是如何从莱特兄弟不起眼的“比空气重的飞行机器”发展到今天了不起的航天飞机的呢? 显然有一种媒介,通过这种媒介,一群科学家和技术人员可以互相交流知识和技能,这种媒介不仅包括书面语言和口头语言,而且还包括数学、化学、工程等的符号。后者可以追溯到人类的符号化能力(可以对比绪论第 2 节关于“符号主动性”的论述)。对于人类是如何和为何发展符号能力的,目前尚不清楚。但是这一种能力使人类能够进行概念化(conceptualize),并将这些概念传递给他的同事和孩子。符号化(symbolization)不仅使文化的形成成为可能,而且为它们的延续和发展提供了手段(White,1949,Chap. 2)。

人类学家构建了文化演变理论,其在科学上的重要性与人们熟悉的生物进化理论一样重要(例如,见 Childe,1951; Huxley,1957,PP. 56—84; Sahlins and Service,1960;White,1959)。的确,人类进化的完整历史必须考虑到它的文化演变和生物进化,它们彼此之间存在着不可忽视的影响。

1.3 作为一种文化的数学

在人类学意义上讨论“文化”时,我们指出了“由某些相互关联的元素联结”这一短语,并将“共同职业”列为可能的因素之一。如今最重要的“共同职业”之一是“研究数学”。那些研究数学的人——数学家,不仅仅持有被称为数学的文化元素,而且可以说,他们作为一个群体,可以被认为是一种文化(这里指数学)的承载者。

然而,无论是把数学称为一种文化还是文化元素,都没有什么区别。在研究一个群体文化的演变时,这种文化往往被视为一个有机整体,不管它是一种文化还是一种文化元素,在数学中也是如此。此外,在研究像数学等独特的文化元素的演变时,可能会揭示出整个社会文化的演变中既不明显也没有重大意义的形式和过程。因此,人们会发现,在文化演变中有效性不那么明显的力量,例如渗透,到了数学中就变得非常重要了。还有一些其他的力量，比如概括、结合(consolidation)、多元化(见5.4节)在数学中也起着重要作用。可以预料到的是，符号化也将在数学概念的演变中扮演着非常重要的角色。因为当一门科学变得更抽象的时候——数学是出了名的抽象，它对符号的依赖就会更大。而要确定渗透、文化滞后和文化抵制在数学演变中的重要性，我们还需要在数学的历史中进行研究。

1.4　数学符号系统

十进制记数法是最精彩、最巧妙的一种现代文化元素。如今我们将其视为习以为常的事情，就像我们呼吸的空气一样。一般人对空气内在性质的了解，可能不如对空气的化学成分了解得多。十进制的演变不仅需要多种不同文化的参与，还需要超过40个世纪的时间跨度！其中最了不起的是仅仅需要10个数字(0，1，…，9)我们就可以表达任何数，无论它多大或多小(这是当今核研究和太空旅行的一个重要考虑因素)。

它由什么组成呢？它需要两个部分的知识，即基数(在十进制中基数是10)和位值。考虑数字4 325，用语言表达是四千三百二十五，那为什么我们不说三千四百二十五呢？这是由4和3所在的数位或位置决定的，我们在年轻的时候就被教授了这种规则。也许有读者还记得他的老师说过："4 325，4在千位上，3在百位上，2在十位上，5在个位上。"而"4在千位上"这句话的意思是4表示4 000，另一种说法是4 325中的4代表$4\times10\times10\times10$，用数学家使用的缩写为$4\times10^3$。同样地，在4 325中"3在百位上"指的是3代表300或$3\times10\times10$，可以缩写为3×10^2。在4 325中2表示2×10，出于形式的原因，我们也可以写成2×10^1。5表示5个1，懂得基础代数的读者应该还记得，它可以写成5×10^0(因为$n>0$，$n^0=1$)。

现在43 250与4 325是不一样的，因为0的出现使得4 325的每一个数字都移动了位置，所以现在的4是在"万位上"——也就是说，4表示$4\times10,000$(10,000中的逗号只是为了方便计算数的个数，没有其他的意义)。同样，$4\times10,000$可以缩写为4×10^4。在这里我们注意到符号0有多重要。正如稍后会看到的，早期巴比伦人并没有想到这样的一个符号，如果4 325既表示43 250又表示4 325，那么我们就必须通过上下文来判断4 325所表示的意义。

当然，今天当我们看到 4 325 这个符号的时候，我们理所当然地认为这个数应该被看作以 10 为基数，也就是说，4 325 是 $4\times10^3+3\times10^2+2\times10^1+5\times10^0$。但若 4 325 这个数以 7 为基数，又意味着什么？这就意味着 4 325 表示 $4\times7^3+3\times7^2+2\times7^1+5\times7^0$。在我们的文化中，我们已经习惯使用十进制。在理解表达式的含义之前，我们会把它转换成十进制，即 $4\times343+3\times49+2\times7+5\times1$，也即 $1\,372+147+24+5=1\,548$。更一般地说，如果我们要把 4 325 理解为以 b 为基数的一个数，其中 b 是任何大于 5 的数，那么 4 325 就是 $4\times b^3+3\times b^2+2\times b^1+5\times b^0$。

那么，为什么前面的句子要加入“b 是任何大于 5 的数”这一条件呢？这是因为基本符号(数字)的个数总是与基数的个数相同。在以 10 为基数的数中有 0，1，…，9 这 10 个数字。对于以 7 为基数的数，我们只需要 0 到 6 这 7 个数字；对于以 4 为基数的数，我们只需要 0、1、2、3 这 4 个数字。当然，这就得出了一个结论：以 2 为基数时是最简单的情况(除非我们恢复到原始的计数，这就等同于以 1 为基数的情况)。以 2 为基数时，我们只需要 0、1 这 2 个数字，在这种情况下符号 4 325 没有任何意义，因为 4、3、2、5 都不属于基本符号 0、1 中的任何一个符号。但是我们可以将 4 325 这个十进制数写成以 2 为基数的数(或者我们通常所说的二进制)，即 1,000,011,100,101(同样地，这里的逗号除了便于解释符号以外，没有其他意义)。让我们从右边开始看，第一个 1 在它的个位上，表示数 $1\times2^0=1$。下一个 1 在右边数起的第 3 个位置上，因此表示数 $2^2=2\times2=4$(记住我们正在转换成十进制!)。再下一个 1 在右边数起的第 6 个位置上，所以是 $2^5=2\times2\times2\times2\times2=32$。继续下去，最后一个 1 在右边数起的第 13 个位置上，因此表示 2^{12}，也就是十进制的 4 096。

我们通常不使用二进制的原因很明显。尽管这样的措辞不是很准确，但是在我们的文化中我们已经被深深地灌输了十进制的记数方法。应该说，即使在可以选择的情况下，我们也不普遍使用二进制的原因是很明显的。随着数的增大，在十进制中所需要的数字个数比在二进制中要少得多。因此，我们如果在二者之间进行选择的话，肯定会选择十进制而不是二进制。

事实上，如果我们在这个问题上有选择的话，我们可能既不会选十进制也不会选二进制。十二进制(以 12 为基数)可以作为一个很好的论证。当然，这个系统需要 12 个数字符号：包括在十进制中已经使用的 0，1，…，9 以及另外两个符号，即X和ε。在大多数情况下，它比我们的十进制要好得多，而且也已经找到了足够的应用，以至于已经为它提供了对数表和其他的函数表。① 如果我们每人每只手是6根手指而不是5根的话，那么极有可能我们今天普遍使用的是十二进制。②

出于科学目的，我们经常使用二进制，其不仅作为计算机操作的基础，而且对于数学理论也是非常有用的。

假设读者从这些关于数字符号的评论中获得了有用的信息之后，还想知道它在小数表示法中的扩展，这里增加了诸如数32.412 6的含义。小数点把这个数的整数部分32与所谓的小数部分4 126分隔开。如前所述，整数部分表示$3\times10^1+2\times10^0$。要解释小数部分——4 126，就像读温度计一样，也就是用负号：$4\times10^{-1}+1\times10^{-2}+2\times10^{-3}+6\times10^{-4}$。学过初等代数的读者可能会记得，$a^{-b}$之类的符号与$\frac{1}{a^b}$所表示的意思是一样的(除了当$a=0$)。因此，$10^{-1}$是$\frac{1}{10}$，$10^{-2}$是$\frac{1}{10^2}=\frac{1}{100}$，以此类推。对于其他基数也是相同的。因此，在以7为基数的情况下，符号32.412 6表示$3\times7^1+2\times7^0+4\times7^{-1}+1\times7^{-2}+2\times7^{-3}+6\times7^{-4}$，用十进制表示，就是$3\times7+2+\frac{4}{7}+\frac{1}{49}+\frac{2}{343}+\frac{6}{2401}$。

现在，为了不让读者怀疑这是“作弊”行为，我们应该加上一条注释：十进制(其他系统也一样，比如十二进制和八进制)能够表示任何数字，无论它多大或多小。从上面的论述可以很清楚地看出，十进制能够表示无限大的“计数数(counting number)”(即1、2、3等)，同样地，使用小数点可以获得无限小的数字，例如0.1、0.01、0.001、0.000 1等(使用越来越多的零)。但如何用十进制表示简分数$\frac{1}{3}$呢？或者$\sqrt{2}$呢？这些数就是所谓的无限小数，为了更好地理解这些数，本文将会在第4章进行说明(在讨论“实数”的时候)。在此之前需要对基数和位值(有时也称位置符号)有一定的了解。

---

① 存在一个专门传播十二进制系统的组织叫做美国十二进制学会。

② 关于基数8(导致了“八进制”的产生)的宣传可以在文献中找到。比如，参看廷利1934年的著作。这个基数的发现将会为股票市场行情提供便利！

2 数的早期演变

2.1 计数的开始

一个著名的数学思想学派[①]认为，所有的数学都应该建立在计数数(counting number)(1、2、3 等自然数)的基础上。当然，从演变的角度来看，这种观点是有道理的，因为所有关于人类学和历史学的记录都表明，作为计数的一种手段，自然数和作为计数工具的数字系统，形成了文化中没有受到过渗透影响的数学元素的开端。人类学家已经在所有原始文化中都发现了某种形式的计数，即使在已经观察到的最原始的文化中也是如此，尽管可能只是通过几个数词来表示。

2.1.1 环境张力——物理张力和文化张力(Physical and Cultural)

显然，计数的开始造成了一种文化必然性(culture necessity)，这也是人类学家所说的文化普遍性。[②] 除了不可避免的物理环境和它所呈现的问题之外，人类的社会和文化环境也要求人们认识到“1”和“2”的区别。即使是没有数字系统的动物似乎也有这种能力。[③] 对于人类来说，我们是一种具有符号能力的文化建构的动物，由文化压力[我称之为文化张力(culture stress)]导致的环境张力推动一种更加成熟的技能产生，即使用数字符号并演变出“3”、“4”等，这对那些不使用符号的生物来说是不可能做到的。这种“环境必要性”的因素贯穿了数学演变的全过程，所有的证据都表明，它在那些后来在某些文化中被公认的数学文化元素的开始阶段发挥了重要的作用。

---

① 数学直觉主义，见 6.2.2 节。

② 人类学家乔治·默多克把“数字”列为历史或民族志中所知的每一种文化都会出现的 72 种条目中的一种。

③ 请参阅科南特的经典著作(Conant, 1896, PP. 3 - 6)中针对约翰·卢伯克爵士关于动物和昆虫的数字感的评论所作的引用和讨论。我们不打算讨论这种能力的性质，而是为了指出，在缺乏符号能力的情况下，这种能力不应被归为计数，而且它局限于只有少数元素的集合；如果以后要用概念图来说明数概念的优先级的话，那么这种能力将不能被视为是对数本身的使用。

真正的计数是一个过程，将被计数的集合对象与某些符号（口头或书面的）建立对应关系。按照今天的惯例，所使用的符号是自然数符号 1、2、3 等等。但其他的任何符号都可以：木棍上的标记、绳子上的结或纸上的标记（见图 2－1）等等都能够满足基本计数的目的。因此，计数只是人类使用符号的过程，人类是唯一能够创造符号的动物。

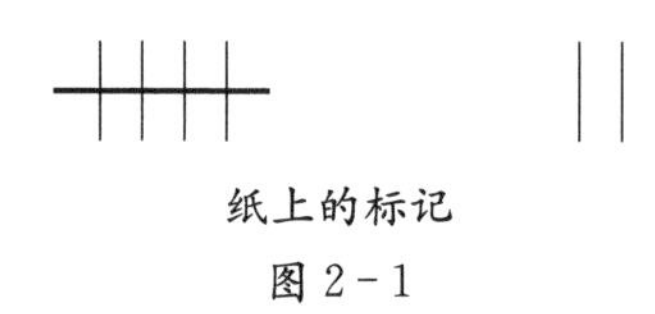

纸上的标记

图 2－1

当然，对两个集合的大小不相等的感知并不一定依赖于计数。尤其是当一个集合比另一个集合要大得多时，我们用肉眼一眼就能够看出。只有当日益复杂的文化所引起的张力变得足够大时，更精确的计数方式才得以被诱导产生。在这里，我们会想起一些原始部落中关于颜色的单词。某些部落用同一个词表示绿色和蓝色，最初他们被认为无法区分这两种颜色，现在我们认识到，其实他们是可以在视觉上区分二者的，但是文化上的需求还不足以迫使他们从语言上对二者进行区分。

每一种文化中计数出现的必然性已经被普遍承认，至少是默许。这在最近许多通俗和半通俗的文章中得到了证实，这些文章是关于和其他行星上可能存在的文化建构的动物建立无线电联系的。假设文化存在于地球以外的其他地方，那么是否存在我们熟悉的可传播的文化元素？我们是否有信心在这些文化中找到模仿的痕迹？对此，人们的观点似乎是一致的，并且认为最有可能存在的是计数的过程，还有自然数的概念以及自然数的符号表示法。

例如，《科学》上的一篇文章（1959 年 12 月 25 日），谈到了位于西佛吉尼亚州格林班克的国家射电天文台提出的星际无线电联系计划，文章中写道："我们期待（接收）的是什么样的信号呢？射电天文学家一致认为，用脉冲传递素数或一些简单的算术问题可能是合适的。"①或者不妨考虑一下在英国星际学会之前的著名初

① 一个有趣的、可能不相关的侧面评论也指出："如果你问射电天文学家：为什么我们不直接进行广播呢？你会发现他们认为财政当局不会批准。这导致了一个令人不快的想法：难道其他文明没有演变出类似的财政当局吗？难道在他们做出回应之前，他们一直在静静地等待吗？"参阅杜桑纳的《下一个问题》[《科学》第 130 卷（1959 年 12 月 25 日），第 1733 页]

等数学普及者兰斯洛特·霍格本的演讲节选(引用自《时代》,1952 年 4 月 14 日):“那地球人说什么才能让他们的外星邻居明白呢?霍格本说,那就让我们从一些关于数的小讨论中开始吧,数的性质不会因不同行星而改变……可能邻居们也经历过类似的阶段(计数的发展),并已经有所记录。因此,霍格本向太空传递的第一个信息将是一个简化的数字方程:‘Ⅰ+Ⅱ+Ⅲ=ⅢⅢ’。”

上述数由“连接号”(单笔重复)表示,加号和等号由“闪光”表示。(霍格本认为“闪光”是容易识别的无线电信号群,就像莫尔斯密码的字母)

“当邻居们多次重复地听到这个等式后,他们应该会明白它的意思。通过把它拆开,他们可以学习到星际语言的第一个单词。越复杂的方程会教给他们越多的单词。”[①]

计数是在单一的史前文化中开始的,然后通过渗透[②]传播,或者是在不同的文化中独立发展的(这似乎很有可能),这对我们来说不太重要,但在此基础上进行推测却很有趣。关于现代人祖先的信息的缺乏并没有严重阻碍到人们对生物进化的研究。相对于人类的生物起源和地理分布,想要寻找人类计数的开始时间似乎不大可能,我们不妨继续从考古和历史记录中了解我们所要知道的东西。甚至连“开始”这个词的使用似乎都不太能接受,因为无论是从个人意义还是从历史意义来说,计数都不可能“开始”。即使它是从一个单一的原始中心演变出来的,与很多文化元素一样,它确实逐步发展了,但只能通过一种约定来确定日期(一般的数学概念也是如此。参见第 5 章 5.3 节,关于微积分演变的讨论,其中约定的“日期”始于莱布尼兹和牛顿,但实际上他们的研究是从先前的研究工作中演变而来的)。在书面语言最早期的单词形式中,我们就已经发现了数词的存在。“在苏美尔和埃及,都有使用传统的记数法的记载,比现存最早的文字还要早。”(Childe,1948,PP. 195—196)

2.1.2 原始的计数

关于早期的数已经有很多文献。人类学家从不同文化中积累了大量有关数字系统的细节,而对它们进行全面的描述性研究和分析需要大量的资料。[③] 但就

① 《时代》,©时代有限公司,1952 年。

② 这是赛登贝格(1960 年)所主张的。

③ 参阅关于柴尔德、克罗伯和泰勒的作品,还可以参考科南特(Conant, 1896),以及甘兹、门宁格、诺伊格鲍尔、萨顿、塔里奥-但基、赛登贝格和斯梅尔策的作品。

像前面所说的，只要指出它们最重要的性质就足够了。

2.1.2a “Numeral”和“Number”的区别

首先，应该明确如何使用术语“Numeral”和“Number”。“Numeral”一词通常表示一种符号，这似乎与一般用法一致。“Number”一词通常表示用数字进行符号化的概念，它既具有个体含义，又具有集体含义，它在短语“the number 2”和“the nature of number”中的用法就说明了这一点。这没有什么特别的，在“man”这一术语的使用上也存在同样的情况，比如，“that man is an American(那个人是美国人)”和“man is an animal(人是动物)”，其他很多名词的使用也同样如此。通常情况下，我们可以从上下文理清其具体用法，一般涉及个体层面，然而更重要和更麻烦的是该概念的实际表征。“什么是数”的问题引发了无数的讨论和争论。

2.1.2b “基数”和“序数”的区别

在日常使用中，数既有“基数”的含义，也有“序数”的含义。基数回答“多少”的问题，比如“2 美元”或“2 天”。序数不仅表示有多少，而且还回答“按什么顺序”或“给定顺序的哪个位置”的问题。例如，一个月的某一天或剧院座位号就是序数，我们用“1 月 3 日”表示 1 月的第 3 天。

有趣的是，当我们对一个集合计数时，我们实际上混合了这两个概念，我们可能只是对“多少”(即基数)感兴趣，但我们用“序数”(1,2,3,…)进行计数。也就是说，我们在确定集合基数的过程中同时进行了排序。

2.1.2c “2 计数”

许多学者指出了用来表示序数的词恰恰作为最早的计数是“2 计数(two-counting)”的证据，也就是说，最早的数字是“1”、“2”，要么没有其他更多的数字，用“很多”表示 2 以上，要么用“2 - 1”表示 3，用“2 - 2”表示 4，以此类推。在现代语言中，很明显可以观察到“第一”和“第二”这两个词与随后的“第三”、“第四”、“第五”等单词有着不同的形式。我们刚刚所使用的序词的英语形式就是一个例证——我们用“first”表示第一而不是“oneth”，我们用“second”表示第二而不是“twoth”。[①] 其他语言证据涉及古代语言中复数的双重形式，除了名词的单数形式和复数形式之外，我们还可以找到所谓的“单数”、“双数”和“复数”形式——名词的“双数”形式表示 2 个对象，“复数”形式表示 3 个或 3 个以上。正如一位

① 其他语言的例子见泰勒(Tylor,1958,PP.257—258)和斯梅尔策(Smeltzer,1953,PP.5—8)。

作者所说,[①]当我们提到"1 只猫"、"2 只猫"或"2 只以上的猫"时,可以用"cat"、"catwo"和"cats"来表示。泰勒(Tylor,1958,P. 265)评论道:"埃及语、阿拉伯语、希伯来语、梵语、希腊语,都是使用单数、双数和复数的语言。但是,更高层次的文化认为这种表示方法不方便,倾向于只用'单数'和'复数'。毫无疑问,这种双数的表示形式是从早期文化传承而来的,威尔逊博士认为,'它为我们保留了当时的思想阶段的记忆,即超过 2 的数都是无限数!'"[②]

如上所述,文化和物理环境的张力使人们认识到"1"和"2",并最终认识到"超过"、"很多"。科南特评论道(Conant,1896,P. 76):"值得注意的是,印欧语系中表示 3 的词'three'、'trois'、'drei'、'ties'、'tri'等与拉丁语的'trans'、'beyond'有相同的词根。"我们可以发现,世界上很多原始文化的数词似乎都限制在"1"、"2"、"很多"当中,其中"很多"表示"3 个或更多"。

2.1.2d 计数和一一对应

推测更大的数字符号的起源是很有趣的。例如,计数形成了早期的列举法。有证据表明,即使在旧石器时代,也有使用计数木棍的痕迹。结绳是另一种常见的计数方式。在一些随处可见的东西(如沙子、洞穴墙壁、被烘烤或晒干的黏土或纸草)上做标记的习俗已被广泛流传。在古代文化和现代文化中都使用的最先进的计数方式是各种算盘。人们还可以猜测,引入通过书写进行计数的方式最终导致表意文字的产生,也就是数字符号。重要的是要注意到计数所涉及的心理因素,即一一对应的直觉。我们让绵羊一只接一只地经过大门,在此过程中利用卵石进行计数,这一计数过程直观地解释了现代数学家所说的一一对应关系。

原始数词的选择是另一种对一一对应的直观理解。那些认为手指计数优于数词使用的人普遍引用了"手"这个词来表示"5"。类似地,10 被称为"双手"或(在从手指计数延伸到脚趾计数的文化中)"半个人"(20 被称为"1 个人")。用手指(和脚趾)计数显然涉及一一对应的直觉识别。同样地,用"眼睛"表示"2"可以揭示出一个人的眼睛与一对双胞胎之间的对应关系。现代数学把基数的概念建立在一一对应概念的基础上,但是从早期直觉到现代,概念演变经历了一个漫长而

---

① 博德默尔,见斯梅尔策的引用(Bodmer,1953,P. 6)。

② 泰勒,见威尔逊《史前人类》(Prehistoric Man)(第 616 页)。值得注意的是,在其他语法类别中,仍然使用三位一体的形式,如"好、更好、最好"。

曲折的过程，其间会出现很多的死胡同。

2.1.2e 数字类别和形容词的形式

对不同种类的对象使用不同的数词就是其中的一个“胡同”。虽然这可以被视为数的演变过程的一个中间阶段，但它可能不是每一种文化都经历的阶段(可能因为渗透)。很多确凿的证据证明了它的广泛存在。经常被引用的是已故人类学家弗朗茨·博厄斯在不列颠哥伦比亚部落的发现。[①] 在日语中仍存留这种现象的一种现代形式，例如用 1 到 10 的不同词形表示与人、菜和铅笔有关的数字。这些词形来自两种语源——古代日本语和中文，后者源于文化渗透。对于一般的计数，后缀“tsu”是附在古日本语词根上的，因此“itsu”(5)变成了“itsutsu”。但是对于长而细的物体(铅笔、杆子、树)，使用的后缀是“hon”、“bon”和“pon”。奇怪的是，它不完全依附于某一种词根，而是依附于日语或中文词根中的一个。因此，用“go-hon”表示 5，其中的“go”是中文派生词根，但用“nana-hon”表示 7，其中“nana”是古日语派生词根。

No.	Counting.	Flat Objects.	Round Objects.	Men.	Long Objects.	Canoes.	Measures.
1	gyak	gak	g'erel	k'al	k'awutskan	k'amaet	k'al
2	t'epqat	t'epqat	goupel	t'epqadal	gaopskan	g'alpēeltk	gulbel
3	guant	guant	gutle	gulal	galtskan	galtskantk	guleont
4	tqalpq	tqalpq	tqalpq	tqalpqdal	tqaapskan	tqalpqsk	tqalpqalont
5	kctōnc	kctōnc	kctōnc	kcenecal	k'etoentskan	kctōonsk	kctonsilont
6	k'alt	k'alt	k'alt	k'aldal	k'aoltskan	k'altk	k'aldelont
7	t'epqalt	t'epqalt	t'epqalt	t'epqaldal	t'epqaltskan	t'epqaltk	t'epqaldelont
8	guandalt	yuktalt	yuktalt	yuktleadal	ek'tlaedskan	yuktaltk	yuktaldelont
9	kctemac	kctemac	kctemac	kctemacal	kctemaetskan	kctemack	kctemasilont
10	gy'ap	gy'ap	kpēel	kpal	kpēetskan	gy'apsk	kpeont

钦西安语的数字符号(科南特，《数字概念》，麦克米伦出版有限公司，纽约，1896 年)

① 见科南特(Conant，1896，PP. 87—88)的附表。

这些词的形式也指向数词的描述性使用(也就是形容词形式)。在大多数不受其他文化影响的文化中,数词经历这样的一个阶段并非不可能。数词在现代文化中的应用既有形容词性,也有宾格词性:在“2 棵树”中,“2”是形容词,在“数字 2”中,“2”是名词。字典对这两种词性分别进行了解释。尽管在现代英语文化中每个人都知道它所说的“2 棵树”是什么意思,但是否有很多人知道“数字 2”中“2”的意思就值得怀疑了。一般人会写出“2”并用手指比划!这使我们推测,直到一些表意文字[例如“2”或(更有可能)“1 - 1”]被使用一段时间后,数词才被用做名词。宾格词性是由表意文字中衍生而来的。

在文化张力的影响下,原始文化创造了许多奇妙且巧妙的词汇形式,从前面所引用的大量著作中就可以发现。在单词“1”和”2“出现之后,一种文化可能继续用“2 - 1”表示“3”,用“2 - 2”表示“4”等,从而可能导致最终使用二进制系统。在原始的单词形式中已经发现了加法、减法甚至乘法的基础知识。例如,发现用“10 减 1”表示“9”,用“10 减 2”表示“8”,用“10 减 4”表示“6”(Conant,1896,P. 44)。(后来在更先进的文化中也出现了类似的现象,在这种文化中,即便有数字的表意文字,也必须引入文字来弥补代数符号的不足)

由于最广泛流行的基数是五进制、十进制和二十进制,因此手指计数的使用可能决定了基数的最终选择。正如所预料的那样,很多例子表明一种文化的数词受到渗透的影响,例如日语。

2.2 书写数字系统

数的符号若只停留在口头上,那么数的演变就不会有什么大的进展。这并不是说计算庞大集合的单词没有被引入或无法被引入,尽管在某些文化中确实如此。但最终数概念地位的提升是通过引入表意文字推动的。这并不奇怪,没有表意符号,简单的算术很难有长远的发展。

2.2.1 苏美尔-巴比伦和玛雅数字、位值和零符号

在我们文化背景的主流——美索不达米亚文明中,算术符号的演变过程经历了一个偶然事件:在征服阿卡德人之后采用了苏美尔文字,从而导致演变(作为官方或神圣语言的苏美尔语也被采用了,就像我们的祖先在中世纪采用拉丁语一

样)。这是一个关于渗透的例子,在这种渗透中,一种文化从另一种文化中吸收文化元素(见1.2节)。由此产生的一个副产品就是符号化的出现——这可能是早期数学演变中最重大的事件之一。数学如果只是用普通的语言进行表达,那数学就很难进步。现代表意文字如"+"和"="就是一个很好的例子。

这是一个幸运的历史事件,巴比伦人得以引入表意文字。正如韦斯曼(Waisman, 1951,P. 51)所言,"数学符号并不在语言自然发展的方向上";"从单词的音标再到单词的书写,那么数学符号的概念是如何产生的呢?在埃及,由于历史的连续性,它没有发生。在巴比伦,当两种完全不同的文化(苏美尔和阿卡德)叠加在一起时,推动了数学符号概念的产生。通过这些不同语言的相互交流,出现了通过音节或表意文字来书写单词的可能性。在阿卡德的文本中,这两种书写模式被任意使用,由此产生了用表意方式来书写数学概念(数和运算)和获得公式语言的可能性,尽管余下的文本是用音节写的"。

柴尔德评论道(Childe, 1948,P. 204):"巴比伦的文本从公元前2 000年就开始使用一种非常精确的术语。实际上,巴比伦人正在创造一种数字符号,极大地加速计算。一开始,运算的术语是一个单一的楔形符号所表示的音节。随后巴比伦人使用古老的苏美尔术语来表示运算,如'乘以'、'求倒数',尽管他们说的是闪米特语。最后,很多术语被写成了表意文字,而不是直接拼写出来……越到后来的文本,随着苏美尔语地位的稳固,越多的苏美尔术语和表意文字被使用。它们从埃及时代固有的'点头'或'逃跑'的具体概念中分离出来,成为相当抽象的符号。"

顺便说一句,对巴比伦数学成就的认识是最近才获得的。到目前为止,更多的关注点还是在埃及数学。主要由于历史学家诺伊格鲍尔和塔里奥-但基的研究工作,现在我们知道,除了某些测量规则之外,巴比伦人在一般数学中的成就远远超过了埃及人(事实上,埃及的很多数学成就显然是受到了巴比伦文化渗透的影响)。巴比伦的进步是多方面的,但是主要原因可能是美索不达米亚的地理位置甚佳,征服与贸易活动频繁(因此加速了渗透),而古埃及文化在某种程度上是孤立的。

2.2.1a　基数10和基数60

通常,采用一种文化元素的新形式不会导致旧形式的消失,即可能会产生文化滞后,也可能会产生文化抵制(见1.2节)。如果两种形式同时存在会发挥出更大的效用,那么两种形式都可能持续存在。例如今天,我们仍然使用罗马数字。

因此，在巴比伦早期的记录中发现十进制和六十进制的混合使用就不足为奇了。苏美尔人通常使用六十进制，阿卡德人则使用十进制。在此之后，阿卡德人开始占主导地位，转而使用苏美尔数字，使得六十进制得以保留下来，而十进制一直存在于一般的话语中。“在公元前 3 000 年结束之前，六十进制几乎完全从普通用法中消失了。”(Thureau - Dangin，1939，P. 108)然而，六十进制继续在学术研究特别是天文学中流行，可能因为它扩展了小数的表示(见下文)。

诺伊格鲍尔(Neugebauer 1957，P. 17)认为，黏土碑包含了数百个天文数字，所有都是用六十进制书写的，文末会留下文士的名字和书写日期，而日期基于十进制(更确切地说，是以 10 为基数而非以 60 为基数)。他指出：“只有在严格的数学或天文背景下，六十进制才能得以持续应用。在其他事务(日期、重量和面积的度量等)中都是将多种进制混合使用，诸如六十进制、二十四进制、十进制和二进制，而这些系统都凸显了我们自身文明的特点……对不同类别的对象灵活运用不同的数字符号，如容量、重量、面积的测量等，这些对象通常采用十进制，还有另外一些采用六十进制。不论是十进制还是六十进制，都可以在不同的地方得以使用。”①

关于苏美尔地区不寻常的六十进制的起源，有许多猜测。有学者认为是受到中国的影响(中国也同样出现了六十进制)。塔里奥-但基(F. Thurean - Dangin 1939，P. 104)评论说：“显然，以 60 为单位已经被纳入为一种记数制，这种记数制尚在形成过程中，其中已经出现十进制，但并未出现且永远不会出现一百进制。”而且，“可能二进制、十进制和六十进制已经被包含在整个苏美尔记数系统中，确切地说，它不是一个六十进制系统，而是十进制与六十进制交替使用的系统”。

根据诺伊格鲍尔的说法，“在经济学背景下，重量单位(测量银币)是最重要的。对于主要单位‘mana’(希腊语称‘mina’)和‘shekel’，似乎从早期开始就是按照 60∶1 的比率设置的。尽管我们无法对这个过程的细节进行精确描述，但这并不影响我们将这一比率应用到其他单位和一般数字当中。换句话说，任何六十分之一都可以被称为‘shekel’，这一概念在所有金融交易中都非常常见。因此，‘六十进制’最终成为了主要的数字系统”(1957 年，第 19 页)。

---

① 选自诺伊格鲍尔《古代的精确科学》(*The Exact Science in Antiquity*)，布朗大学出版社，1957。此处和及后的引用均来自于同一引文。

另一种推测是天文学导致了六十进制的出现，还有一些人认为是由于六十进制的方便性。从塔里奥-但基的著作(F. Thureau - Dangin, 1939,PP. 95—108)中可以找到关于这些猜想的完整目录。

在巴比伦科学中，六十进制的幸存无疑是由于它对小数的扩展。现代分数有两种形式：可写成比的分数(即两个整数的商，如$\frac{1}{4}$)和小数分数(如 0.25)。使用十进制小数的形式有助于将整数与小数的运算统一起来。因此，若暂不考虑小数点的位置，乘以 0.25，则相当于乘以 25，[1]而除以 125 则相当于乘以 0.008。它不仅对机器的计算起到重要的作用，而且使得除法能够被乘法代替，还允许在所有理论中以统一的方式处理数字和运算。然而，大多数古代文明(包括苏美尔、埃及和希腊，但巴比伦和希腊的天文学研究除外)只使用可写成比的分数。

2.2.1b　巴比伦和玛雅数字系统的位值

目前，分数的小数形式基于位值表示法，数的值取决于它相对于小数点的位置(25 中的 2 表示 20，也即 2×10，0.25 中的 2 表示$\frac{2}{10}$或 2×10^{-1}，见预备概念，1.4节)。诺伊格鲍尔将位值表示法视为“人类最伟大的发明之一”，“它可以与字母表的发明相提并论，与使用图像符号来直接表示概念形成对比”(Neugebauer, 1957,P. 5)。关于位值表示法的起源存在很多猜测(无论是在巴比伦文化还是在玛雅文化中)。

巴比伦人用芦苇笔在软陶片上书写，然后在太阳下烘烤或干燥。[2] 苏美尔人使用两端大小为两种尺寸的圆的芦苇笔来书写数字。通过从倾斜的位置挤压较小的一端产生的一种半月形状表示单位(unity)符号，通过垂直挤压得到的满月形状表示符号 10。通过挤压较大的一端产生的半月形状表示 60，满月则表示 3 600。从 2 到 9 的整数符号遵循单位符号重复的原始计数系统[尽管塔里奥-但基(F. Thureau - Dangin,1939,P. 106)指出，“文士多使用以‘10 减 1’表示 9 的减法方法”]。另一方面，根据诺伊格鲍尔(Neugebauer, 1957,P. 19)的说法，在常用的十进制中，100 是用更大的满月形状来表示的。十进制和六十进制在不同地方的符

---

① 计算过程中不考虑小数点的位置，计算结果再考虑小数点位置——译者注。

② 关于这一过程存在争议，特别是关于它为何及如何被使用，参考基耶拉 1938 年的著作的第一章和第二章。

号变化都有一个共同之处，那就是“存在一个十进制基底的符号，并使用形状更大的符号表示更高级别的单位。*后面一个事实显然是位值表示法发展的根源*（斜体字来自怀尔德）。书写符号一旦被逐渐简化和标准化，相同符号的大小区别就会消失，例如最初用一个大的符号表示 60，大符号和一个符号 10 表示 60+10，而到了后来，则用一个‘1’后面跟着一个‘10’表示 70，用一个‘10’后面跟着一个‘1’表示 11。”

与之相关的是，诺伊格鲍尔（Neugebauer，1960 年）写道：“这一时期高度发达的经济生活，货币交易记录的符号（银币有不同的重量单位）以简单并列的数字来表示，排列不同则数值不同，例如符号 $5.20 有别于 20.5。因此，数字的排列决定了它们的相对值，例如，美元与美分的比率是 1∶100，而在巴比伦货币体系中则恰好是 1∶60。后来这被扩展到一般的数，进而发展成为‘六十进制的位值系统’。”[①]

有趣的是，人类学家克罗伯独立地提出了一个类似的理论，他指出（A. L. Kroeber，1948，PP. 470—471），玛雅的日历系统与美索不达米亚的重量测量方法有些相像，它们都提供了一种关于等级和排序的方案，这暗示了数字的位值系统。因此，在美索不达米亚，180 克是一个 shekel，60 个 shekel 是一个 mana，60 个 mana 是一个 talent；在玛雅，20 天是一个月，18 个月是一年，20 年是一个 lustrum 或 katun，20 个 katun 为一个周期。这一种规律不可避免地形成了用位置而不是名字来表示的习惯，特别是当有大量的编号或计算时（文化张力），例如英国用 £s. d 来记账。这与新巴比伦人的 2 个 talent 6 个 shekel 重、玛雅人的两年零六天、伦敦人的 2 英镑 6 便士非常相像。从这些情况来看，不管是我们所书写的抽象值 206 或是巴比伦人所书写的 206（表示 7 206），它们在运算上只需要一个步骤。虽然我们不大清楚玛雅人是如何进行计算的，但我们不妨这样假设，当他们想要添加一些时间间隔，或者当他们打算将两个日期相减以获得时间跨度时，他们会对日、月、年等进行排列，就像我们用 773 减去 206 一样。这样就有了我们所谓的真正的“定位操作”。如果这种情况经常发生，它似乎就会迫使操作者设计一些方法来表示空缺（零符号），尤其是对于一些内部单位，如 mana、月、先令、60 或 10 等，具体视情况而定。

---

① 经《大英百科全书》的允许引用。

其他文化也有类似现象，但只是与位值系统有些接近，并没有真正实现。

人们可能想知道，如果巴比伦的数字系统中同时存在以 10 和以 60 为基数的数，那么在六十进制系统中使用的位值概念为什么没有扩展到以 10 为基数的数呢？关于这一点的原因可以做出许多推测。当然，对于以 10 为基数的情况来说，六十进制系统的位值演变中所涉及的文化张力不可能同样奏效。位值符号的重要性在于它能够用相同的基本数字表示任意大或任意小的数。这对于巴比伦天文学的制表非常有用，但是在其他领域，比如市场就没有类似的需求。① 此外，数字系统的多样性和复杂性可能会导致文化滞后或文化抵制的发生，而这种多样性和复杂性往往会被用于各种目的（例如，见 Neugebauer，1957，P. 17）。人们甚至可以推测，神殿的文士有时也会想到我们所说的位值是否可以应用于其他系统。然而，当时是否存在“位值”这一概念似乎还值得怀疑。更有可能的是，这只是巴比伦数学家发现的一种有用的方法而已。我们稍后会看到，在 16 世纪斯蒂文的研究之前，利用位值来表示以 10 为基数的数是由不同的人来实现的。然而，对于这些人来说，它可能仍然只是一种“方法”，斯蒂文只是恰当地提出了这个概念而已。

位值系统的发明很可能代表着数字系统演变的一种自然进程，这一发明是由文化张力带来的，目的在于对任意小或任意大的数进行符号化；或者，它们可能是巴比伦货币系统或玛雅历法系统等测量系统的自然延伸。然而，并非所有的文化都拥有演变到这一阶段的数字系统，比如后来的中国、希腊和罗马文化。与生物进化不同，因为生物进化中所有生命形式都会经历两栖动物和哺乳动物阶段，而大多数文化的数字系统可能不会经历这一阶段。

2.2.1c 零符号

考虑到上面克罗伯的引用已经提到了零符号，接下来将对此做进一步的解释。在古巴比伦时期（约公元前 1 800 年），虽然位值已经被使用，但似乎还没有出现零符号，因而，数字之间可能会留下空白。然而，由于整数末尾的空白不明显，因此在习惯上，会通过上下文来说明其含义，例如符号 1 可以代表 1 或 60。在这种情况下，可以预料到文化张力会促使零符号的产生，而实际上这也是不可避免的。它在巴比伦（塞琉西王朝时期）和玛雅数字系统中的产生就是如此。

---

① 我们将在希腊文化中观察到类似的现象，在希腊文化中，常用的数不使用位值符号，在天文制表中才使用。（见第 3.3 节）

显然，巴比伦的零只是一个代表数字空缺的符号，经常在中间使用而不在数字的右端使用，因此，402 与 42 可以被区分，420 与 42 则不能（它们的含义必须通过上下文来判断，见 Neugebauer，1957）。玛雅人的零符号就像一个闭合的拳头——表明它是从手指计数中演变而来的。沙捷斯（Sanchez，1961）用加法、乘法之类的例子，对玛雅人的算术进行了有趣的分析。与坦纳（他对希腊算术做了经验性总结，详见 2.2.2a 节和 3.3.2 节）一样，沙捷斯总结到，用玛雅数字做算术是相当简单的（当然，前提是玛雅人以设定的方式进行运算）。

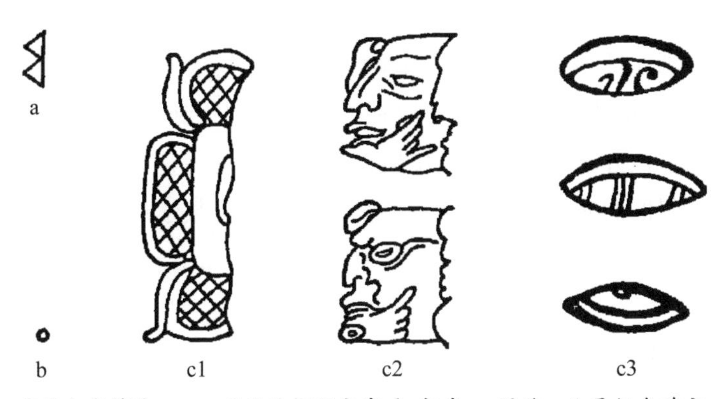

零的古代符号——a. 巴比伦楔形文字；b. 印度；c. 玛雅：c1 是纪念碑文，c2 是面部铭文，c3 是书上的写法。（克罗伯，《人类学》，哈考特公司、布雷斯公司和世界公司，纽约，1948 年）

图 2－2

巴比伦文化与玛雅文化之间似乎没有发生文化渗透，因为两种文化几乎是同时出现的（巴比伦文化大约在公元前 400 至公元前 300 年，玛雅文化大约在基督纪元时开始），另外，两个地方相隔甚远，将文化元素从一种文化传播到另一种文化需要很长的时间。有趣的是，对此，克罗伯也评论道（A. L. Kroeber，1948）："巴比伦人喜欢利用货币重量单位的乘法表进行运算，玛雅人喜欢用时间单位进行运算，他们都各自发明了零符号。与此相对应的是，印度教徒在使用'阿拉伯'数字 1 到 9 的好几个世纪之后，添加了点来表示空位置。"后者大约发生在公元 500 年，在离美索不达米亚不远的拉丁美洲，有无文化渗透的发生目前还不确定（许多学者认为印度独立引入了零符号，例如克罗伯，见 2.2.3 节）。克罗伯断言，零的演变"总是与心理抵抗（文化抵制）对立。因为'自然的'或自发的演变（在发明自然数符号之后）不会朝着零符号的方向发展，一般不会专门用一个符号表示'空'，而只会让'空'来表示'空'"。

2.2.1d 六十进制小数

也许，巴比伦数字符号扩展到六十进制小数是最值得关注的(见 2.2.1a 节)，这种小数存在于古巴比伦时期(公元前 1 800 年之前，当时还没有小数点)。因此诺伊格鲍尔(Neugebauer，1957，PP. 31—32)提到，数“44，26，40”出现在与“1，21”相反的倒数表中，“1，21”表示 60＋21＝81(十进制表示法)。从这里的上下文可以清楚地看出，如果小数点和零可用的话，前一个数将是“0. 0，44，26，40”，这并没有发生，因为展示这一表格的碑文来自古巴比伦时期。尽管六十进制小数存在这些缺陷，但其仍可以被充分利用。正如人们预料的那样，只有有限的六十进制小数才能被理解。刚才提到的倒数表忽略了像 7、11 这些数的倒数，因为这些数不能被 60 整除(然而，这些数的近似值可以在一些文本中找到)。尽管如此，古巴比伦文士还是证明了在计算中可以通过位值符号将小数视为整数的事实，乘法表和倒数表的存在表明他们充分利用了这一事实。这与埃及数学形成鲜明对比，因为在埃及数学中用一种特殊的形式来表示分数符号(见 2.2.4 节)。

2.2.2 密码化

在数字的改进和简化过程中可以进一步观察到文化张力的作用。最早的书面数字符号可能是计数符号，如 1、11、111、1111 分别表示 1、2、3、4。苏美尔数字中的整数 2 到 9 也采用这一形式，但由于这种形式书写起来较为困难，又加上不容易确定标记的数量，书写时需要花费大量的时间(例如“111111111”和“$\begin{matrix}1111\\1111\end{matrix}$”)，所以后来对此进行了改进。一般来说，随着文化的演变，农业、商业等也发展到更高级的形式，使用较大的数及保留书面记录的双重需求可能会迫使表意文字的改良。

尽管巴比伦数字能够用符号表示所有的整数和分数，但从实用的角度来看，它们有一个严重的缺陷，那就是表示单个整数的符号过于复杂和繁琐，尽管相对原始计数符号已有所改进。例如，数字 48 若用楔形文字表示，为。我们需要做的是进一步的符号化，更准确地说，就是用新符号代替复杂的旧符号。这种创新是由一个遥远的、完全不使用位值系统的文化达成的，那就是埃及文化。[①]

① 据我所知，似乎没有人提出过繁冗的符号会推动位值符号的发展。

在埃及文化中，新符号代替了表示整数的旧数字符号，在普通计算中，所使用的符号已经不会像巴比伦数字那样繁琐了。为了简洁起见，我们把这种（数字的）符号化称为密码化(cipherization)，这是博耶在1944年提出的，他坚持认为，我们需要对密码化的过程给予更高的重视。在大多数古代数字系统中，这一方法还未得到充分利用。常见做法就是为数字10引入一个新的符号，有时是为数字5引入一个新的符号（例如在玛雅系统中）。而通过上述已得的新符号与数字1的符号相结合，可以表示介于中间的数字。因此在罗马数字中，9用VIIII表示或有时用IX（利用减法原理）表示。[①] 虽然某些数字如50或100也可以被赋予特殊的符号，但即便已经引入了位值（如巴比伦系统和玛雅系统），对大数的书写仍然相当繁琐。

毫无疑问，由于文化滞后的缘故，一旦在一种文化中确立了某种书写数字的风格，那么改变就会变得非常缓慢，当然可能会存在一些特殊情况。正如博耶(Boyer，1944)建议的那样，一种书写工具的使用会受到标记多样性的严重限制（如巴比伦文化），同时它也可能会成为发明新符号的一种特殊的文化障碍。而另一方面，埃及文化在符号的发明方面并不存在这样的障碍。在古代，密码化的巨大优势只有在古埃及象形文字和后来的通俗文字中才得以显现。在象形文字中，分别用特殊符号表示数字1、4、5、7、9，而对于2和3则用计数符号||和|||来表示。然而在通俗文字中，从1到9的所有数字都被赋予了特殊的符号（见Boyer，1944，P. 157）。

2.2.2a 爱奥尼亚数字

希腊人发明的数字可以作为一个例证。虽然（更古老的）希腊雅典数字没有达到非常高的密码化程度，但后来的爱奥尼亚系统却做到了。24个希腊字母，再加上3个古老的字母，由此产生的27个字母中，它使用了前9个字母分别表示从1到9之间的整数，接下来的9个字母表示10的整数倍数（即10、20、30等），剩下的9个数字表示100的整数倍数（即100、200、300等）。因此，1 000以下的所有数字都可以由至多3个简单符号的组合表示（按照从左到右降序排列）。1 000的整数倍数是由字母表(α, β, γ, …)的前9个字母表示的，另外一个新符号M表示10,000，而10,000的整数倍数可以由αM, βM,…（或$\overset{\alpha}{M}$,$\overset{\beta}{M}$,…）来表示。

---

① 用IV而不是IIII表示4，这在古代并没有出现，IV是减法原理的一种现代延伸，参考博耶(Boyer，1944，footnote 24)。

爱奥尼亚系统的主要弱点在于其无法表示无限数，那么自然就需要发明新的符号。尽管如此，博耶(Boyer，1944，P. 159)还是将这一系统称为"有史以来在数字和实用算术方面最大的一次进步"。因为它不仅适用于当时所有的计数需要，而且正如坦纳(通过实践，他记住了这个系统并用它来计算)所证明的那样，它与我们的现代数字系统一样，能够高效地进行普通的计算。①

相比现代数字系统而言，缺少可与我们的十进制小数相媲美的小数表示法是爱奥尼亚系统的另一个致命弱点，但对于只对有限近似法感兴趣的希腊人来说，埃及的单位分数(unit fractions)系统就足够了。然而希腊的天文学家意识到巴比伦的位值系统的有效性，于是将它应用到他们的研究工作中，将爱奥尼亚的整数表示法和巴比伦分数进行混合，就像我们现代人用"印度-阿拉伯"数字来书写度数、分钟和秒钟一样(见下文)。

2.2.3　位值和密码化的结合

巴比伦数字能够表示所有的整数和分数，但希腊人(或其他文化)并没有采用这些数字。这并不奇怪，因为这些数字符号很繁琐。这些符号不适合在市场上进行快速而简单的计算，除非是天文学家，否则位值的优势通常并不明显。毫无疑问，希腊人了解巴比伦系统，但如果采用该文化元素之后，并没有显示出明显的优势，那么渗透就不会发生(见 1. 2 节)。为满足日常生活所需，需要一个更容易处理的系统，而这恰好是爱奥尼亚数字所能够提供的。虽然还未有充分证据证明这一假设，但爱奥尼亚系统的诞生并非没有受到埃及数字书写方式的影响。

然而现在，我们极有可能引入一种同时兼顾位值和密码化优点的数字系统，用一个稍后将详细讨论的术语来说，即现在存在结合(consolidation)的机会。这是现代数学家经常使用的工具之一，当他观察到两个或两个以上独立的数字系统的性质似乎能够相互补充，或者结合起来能够形成一个更强大或更有效的理论时，他就会将它们进行结合从而构建出这样一个理论。当然，在我们所讨论的那个时代，某些数学家可能已经意识到将位值和密码化相结合的好处，这似乎也是事实。

---

① 参阅博耶的案例，他比较了爱奥尼亚系统和现代十进制中的乘法，还比较了巴比伦和埃及的象形文字中的乘法。

为满足科学研究所需，科学家们在天文学中使用分数，这使得巴比伦位值系统的优势得以凸显。此外，希腊天文学遵循巴比伦的传统，因而自然会沿用巴比伦的表格系统。然而，巴比伦繁琐的整数书写形式，导致出现了使用爱奥尼亚符号表示单个数字的现象（正如前面提到的，今天仍有类似的现象，只是我们是用自己的符号代替爱奥尼亚符号）。诺伊格鲍尔说道（Neugebauer，1957，P. 22）："托勒密用六十进制位值系统表示分数，而不表示整数，因此他会用爱奥尼亚数字将365写成τξε(300，60，5)，而不是σε(6，5)。"显然不止有一位天文学家会这么做。从塞琉西王朝（公元前300年至公元元年）的巴比伦石碑中可以看出当时天文学的迅猛发展，那时的希腊天文学家及其追随者继承了专门用于相关计算的六十进制系统，但六十进制符号"很少被严格地应用于美索不达米亚塞琉西王朝时期的楔形文字中"。这种混合不同数字系统的习惯"被伊斯兰天文学家所遵循，这解释了为什么现在的天文学习惯用十进制写整数，用六十进制表示分钟和秒钟的原因"（Neugebauer，1957）。

在这一时期，位值与密码化只是部分地进行结合，事实上长达几个世纪以来很多必要的结合都没有实现，比如我们现代的数字系统（见Boyer，1944，P. 164）。当时希腊数学家并没有提出令人满意的结合，这不足为奇，有人指出："可能希腊人意识到，除了当地的位值原则、空位符号以及前9个希腊字母以外，似乎不需要其他的符号。而且他们发现，即使结合了也不会发生什么变化。毕竟，用δoo表示400就一定比用υ表示400更好吗？或者εoooooo相比ϕM真的有显著的提高吗？原来的方法不仅能够准确地确定乘积中零的个数，而且能够无差错地排列数字，这已经足够了。正如坦纳所说，字母表示法有一定的优势，而这些优势正是希腊人选择保留它的原因。"①

2.2.3a "印度-阿拉伯"数字

如果能勾勒出一幅清晰有序的图景，描绘出如今"印度-阿拉伯"数字（"印度-阿拉伯"数字这一表达其实并不准确）的演变，那就太好了。但可惜，现存的记录太少了，以至于历史学家们无法就细节达成一致。然而，其中有三点是被普遍认同的：(1)我们今天使用的数字1到9源自印度教形式；(2)一开始，印度教徒用一个点表示零符号，而后来改用椭圆形符号来表示；(3)至少在公元800年，他们就

① 见卡尔·博耶上述引文第164—165页。

已经有了整数位值制，并且开始使用负数。

但是，究竟有多少文化是印度教徒从其他文化中借鉴而来的，还是一个非常有争议性的话题。印度数学的发展受到了巴比伦的影响，这一点已经得到充分证实，但影响程度如何现在还不得而知。例如，印度的零符号是否来源于巴比伦呢？弗赖登塔尔（H. Freudenthal，1946，note27）指出，在公元200年到600年间，当十进制系统开始在印度使用时，印度人开始了解希腊天文学。出于对希腊天文学的兴趣，印度教徒又开始了解六十进制位值系统，以及用符号来表示数字的空缺（“零”）。另外弗赖登塔尔还指出，最初的印度数字通常把个位放第一，把十位放第二……以此类推，而巴比伦和希腊则采用相反的顺序。而当印度教徒开始使用数字符号的时候，遵循的却是巴比伦的而非本土的顺序。①

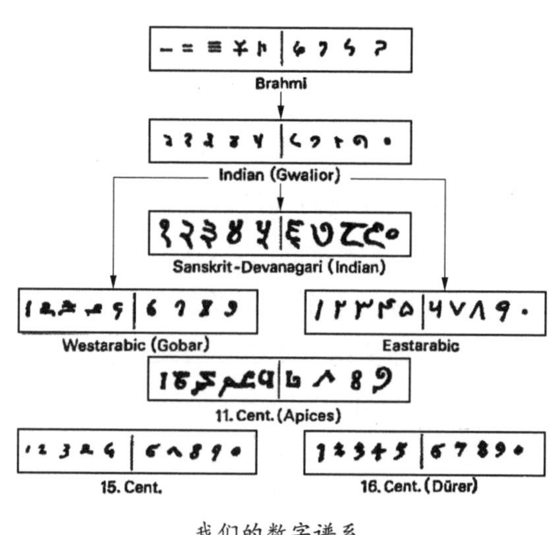

我们的数字谱系

图 2-3

无论如何，在后基督教时代的头几个世纪里，整数的十进制位值系统与零符号都是在印度发展起来的。此外，这个零符号在加法、乘法等运算中的使用与其他数字一样，因此该符号在运算意义上成为一个数字似乎无可非议，但在概念意义上又值得怀疑，它似乎无法独立作为一种符号。它最初只是为了完善位值符号

① 弗赖登塔尔的猜想可以在范·德·瓦尔登（B. L. Van der Waerden，1961，P. 56）的作品中找到。

而发明的，仅仅为了表示“空”。它也有可能源于各种形式的算盘，那时东方（从罗马到中国）广泛使用算盘。算盘的缺点在于其无法将计算结果记录下来，与早期的计算机一样，原来的计算需要为新的计算让路，如果想保留计算结果，就必须以某种数字的形式进行记录。如果在算盘上给出一个数值结果，比如 2 301（其中以 0 表示的列是空的），那还有什么比引入一个与这个空列相对应的符号来得更自然呢？无论发明的细节如何，这无疑是文化张力作用的结果，而且只有经过几个世纪的使用，这一数字才有可能成为一个概念。

希腊和罗马帝国的衰落使阿拉伯文化在历史舞台上扮演主要角色，印度数字系统逐渐向阿拉伯文化渗透，与希腊字母系统等其他系统并驾齐驱。有迹象表明，阿拉伯人采用印度数字受到了一种文化抵制的影响，这种文化抵制基于对希腊文化的偏见。例如，史都克说道（Struik，1948b，P. 87）：“第一次在印度以外的地方发现印度数字是在塞维鲁斯·塞博赫特主教（公元 662 年）的著作中，他提到这些数字是为了表明希腊人并没有文化垄断（此处史都克引用了史密斯，1923 年，第Ⅰ卷，第 166—167 页）。在巴格达早期阿巴斯·哈里发的统治时期，有一所数学学校，它似乎有意拒绝希腊人的课程，转而从古代犹太人和巴比伦人的资料中获取灵感。这所学校的校长是代数之父——花拉子密。对希腊的影响以及统治的仇恨，是叙利亚正在崛起的伊斯兰轻易取得胜利的主要原因之一。”

新的十进制数字从阿拉伯文化渗透到欧洲文化，沿着学术和贸易的渠道穿过了西班牙和意大利，这一过程十分缓慢。其间，数字经历了符号的变化，[①]遭遇到了强烈的文化抵制。1299 年颁布的法令就是一个例子，它禁止佛罗伦萨的银行家使用阿拉伯数字，坚持保留罗马数字（Struik，1948a，vol. Ⅰ，P. 105）。“为什么意大利商人会选择阿拉伯语系统呢？这个问题似乎还没有答案，但一些事实可能具有启发性。‘阿拉伯文明确实存在于西西里和西班牙，不仅在摩尔人居住的地方，还在像托莱多这种后来又由基督教统治的地方。阿拉伯人包围了地中海，控制了亚洲的贸易。’（Sarton，G.，“Introduction to the History of science”，Ⅱ，Baltimore，1931，P. 6）在意大利，阿拉伯系统首先出现在佛罗伦萨和比萨，那里与阿拉伯世界的联系比希腊更紧密，与威尼斯有着永无止境的商业竞争。”（Struik，1948b，P. 88）

---

① 参阅史都克（Struik，1948a，vol. Ⅰ，P. 88）。

2.2.4　十进制小数

印度-阿拉伯数字系统演变的下一个必要步骤是将其扩展到小数，就像巴比伦人扩展六十进制一样。

埃及人主要使用“单分数”，如$\frac{1}{2}$、$\frac{1}{3}$、$\frac{1}{4}$等等，他们会将其他分数转换成这些分数的和（$\frac{2}{3}$除外，因为它有一个特殊的符号）。一般情况下，希腊人将这些埃及分数连同其他系统一同使用。另一方面，印度教徒所使用的分数和我们所使用的分数很像，书写形式也与我们相近，但没有横杠，因此$\frac{3}{4}$会被写成$\genfrac{}{}{0pt}{}{3}{4}$（如果带有整数部分，如 7 $\frac{3}{4}$，则整数 7 会写在数列的最上方，即$\begin{matrix}7\\3\\4\end{matrix}$）。事实证明，这种特殊符号的实用性使它们在现代文化中得以继续使用。另外，用统一的格式书写整数和小数的优点是显而易见的（见 2.2.1a 节）。而且，一旦印度-阿拉伯数字系统在欧洲获得了霸主地位，随着科学的进步，它将不可避免地扩展到小数。

如上所述，巴比伦的六十进制从来没有消失，特别是在天文学表格中用以书写“有理分数”时（见 2.2.1a 节）。与此同时，正如人们所预料的那样，几个世纪以来，与这些六十进制小数“明显”（后见之明）类似的十进制小数开始出现在一些独立的例子中。诺伊格鲍尔在“伊斯兰学者对计数方法的完善”的评论中指出（Neugebauer，1957，P. 23），最近有研究发现，一位名叫卡西的天文学家（于 1429 年去世）发明了类似于六十进制小数的十进制小数，并用六十进制小数和十进制小数表示 2π 的近似值。卡平斯基（Karpinski，1925，P. 123）指出，比萨的里昂纳多（约 1170—1250，被称为“斐波那契”——“渡纳契奥之子”）使用六十进制小数给出了一个三次方程根的近似值（近似到第 8 位），并且在中世纪，这种小数被用于所有的计算中。“在平方根和立方根的近似计算中，经常用六十进制小数表示结果。14 世纪的约翰尼斯·穆里斯用 1. 4. 1. 4 代表 2 的平方根，第一个 1 代表单位，第一个 4 是‘十分之一’，第二个 1 是‘十分之一的十分之一’，第二个 4 是‘十分之一的十分之一的十分之一’。后来他将其扩展到二十分之一的二十分之一，最终给出了六十进制小数的结果。”（Karpinski，1925，PP. 128—130）[①]

---

① 经兰德麦克纳利公司允许引用，来自 Karpinski，1925。

十进制小数普遍使用的延迟似乎是文化滞后一个主要的例子。不可避免的是，总会有人意识到真实的情况并试图纠正它。雷乔蒙塔努斯(1436 年—1476 年)关于以 10 000 000 为半径的正弦表和以 100 000 为半径的余切表等的汇编促进了真正的十进制小数的突破性发展(见第 3 章 3.3.1a 节"遗传张力")。"在这两种情况下，只需要一个小数点和单位半径就可以得到现代的表格。"(Karpinski，1925，P. 130)从西蒙·史蒂文 1585 年的研究[①]中可以得到关于现代十进制小数演变的更多细节，当时是从概念层面上进行发展的，"史蒂文是第一个系统讨论十进制小数的数学家，同时他还充分肯定了十进制小数的价值"(Karpinski，1925，P. 131)。史蒂文的表示法很笨拙，他将小数部分的数字用一个个圆圈包围起来，以表示它们在小数位上——其中 0 表示单位，1 表示 10 等等。为了被广泛接受，需要一种更好的表示位值的方法，比如小数点或等效的分隔符号。根据卡平斯基(Karpinski，1925，P. 133)的说法，小数点出现在 1616 年纳皮尔关于数的英译本中。但直到 17 世纪末，才出现了其他符号，比如一对括号的左半部分。此外，十进制小数直到 18 世纪才被普遍采用。从那时起，根据卡平斯基(Karpinski，1925，P. 135)的说法，"使用十进制小数来计算的算术与不使用十进制小数来计算的算术约各占一半"。[②]

2.3　数概念的演变

在 2.2 节对书面数字系统的演变的讨论中，我们提到了数概念——大致上讲的是数字的"含义"(例如 2.2.3a 节)。在本节中，我们将继续讨论这一话题。

数词是什么时候开始有客观意义的呢？在语法中，它们是什么时候变成"名词"的呢？显然，这些单词最早的用法是形容词——它们具有描述性特征，即使用名词"耳朵"表示"2"，用名词"男人"表示"20"，它们的使用方法也明显表现出描述性特征，因为它们针对不同类型的对象有不同的应用(如前面引用的例子，见

① 关于十进制分数的历史调查，参阅萨顿(Sarton，1935)。

② 值得注意的是，卡平斯基承认史蒂文是"十进制分数的独立发现者"(Karpinski，1925，P. 133)，但后来他又指出(Karpinski，1925，P. 135)，"显然很多思想家都发现了十进制分数……在科学领域我们继承了过去所有的研究"。对于后面一种说法，他评论道，"十进制分数的发展阐明了数学思想领域的演变过程"。

2.1.2e节)。[①] 但是,词语的使用和意义都会发生改变。例如,英文单词"contact(联系)",最初是一个名词,但现在已经有了动词用法。学生可以和老师"联系(contact)",也可以不跟他的老师联系(contact),如果他不想得到等级"A"的话。甚至还可以把形容词变成动词。作者最近听闻委员会的一名成员,厌倦了就一项动议的措辞细节进行长时间的争论,建议把问题移交给主席,并指示他"模糊处理"以便掩盖细微的分歧("模糊处理"中的"模糊"原本是形容词,在这里用作动词)。

一个词要成为名词,它必须代表某种东西,这个过程涉及概念的改变。如此一来,抽象概念就会得到演变,比如善与恶。这最终也会发生在数词上,一旦单词"2"成为名词,它就必须代表某种东西,即"2"的概念。表意文字(数字的特殊符号)的引入加速了这一过程,但它没有同时影响所有的数字。例如,"零"在问世了几个世纪后才成为了一个数字,或许它在玛雅文化中从未成为一个数字,在巴比伦文化中肯定也是如此。

2.3.1 数字神秘主义和数字命理学

与其他科学一样,数学也有它的神秘时期(以及它的神秘分支,但这里只考虑它发展的主线)。尽管并非所有的文化都采用数字命理学,但有足够的实例可以证明,这一发展是数概念演变过程中的一个自然阶段。一般来说只涉及数字。

在巴比伦文化中,占星术对数概念的影响可能很大。关于巴比伦时代数字7的地位的评论摘自一篇关于中世纪数字符号论的著作(Hopper,1938,PP. 16—17):

> 在发现7天、7阵风、7个神和7个魔鬼之后,这位天文学家继续寻找7颗行星,而且令人惊讶的是,竟然找到了!他的追求是漫长而艰难的。在早期,只有木星和金星被认为是行星,所以在他找到7颗行星后,他的任务就完成了,他不需要再寻找了。这些行星变成了"决定命运的神",并在很久以后被指定为统治1周7天的神,似乎直到公元前1世纪这个概念才在亚历山大得到普遍认可。

① 更广泛的关于数词作为形容词的讨论可参阅门宁格(Menninger,1957)。

“与此同时，巴比伦的神父(地理学家)将地球分为 7 个区域，建筑师建造了有 7 个台阶的古地亚神庙，代表世界的 7 个区域。巴别塔最初有三四层楼高，但未有过五六层楼高，它们是专门为 7 颗行星而建的，由 7 个台阶组成，用的是 7 种颜色的釉面砖，它们的各个角度朝向 4 个不同的基本方位。这 7 个台阶象征着向天堂的上升，到达顶峰的人就会有幸福的命运。生命之树，有 7 根树枝，每一树枝上都有 7 片叶子，这可能是希伯来人 7 支烛台的祖先。就连女神也有 7 个名字，并以此为荣。”

这样的证据是否能够证明像 7 这样的数字已经成为了一个“名词”，这当然存在争议，但仅凭描述性特征进行判断很难令人信服。也许以一种现代数学难以理解的方式，承认神秘性介于一般的描述性特征和名词的客观特征之间，才会比较接近事实的真相。这一阶段数的演变是否真正代表了数在当今大众心目中的状态，是个有趣的思考！仅仅考虑对“幸运数字”的信仰，或对数字命理学的普遍信仰以及数字命理学家持续成功的事业(参考 Bell，1933)，也许现代街头上的一些普通人与古巴比伦人有着完全相同的数概念(或许是全部的数学概念)。

莫里茨(Moritz，1914 年，P. 212)引用了贝尔关于现代数字 7 的神秘力量的经典例子：“(谷神星)是由巴勒莫的皮亚齐发现的。更有趣的是它的宣布是与黑格尔的出版物同时发生的，黑格尔在他的作品中严厉地批评天文学家不重视哲学——他称为一种科学。哲学已经表明，绝对不可能会超过 7 颗行星，这项研究将可以防止荒谬地浪费时间去寻找永远无法找到的东西。”①

2.3.2 数字科学(A Number Science)

就像自然科学一样，数字也得益于神秘主义。这在毕达哥拉斯学派(见 2.3.4 节)中无疑是显而易见的，在巴比伦早期似乎也是如此。一篇篇纯数字作品证明了神殿的文士对“数字科学”的喜爱。最近对巴比伦数学成就的研究证明，将那个时代的数学称为“科学数学”是正确的。人们精心制作了乘法表，同时意识到，乘以一个数 n 等于乘以它的倒数 $\frac{1}{n}$，还发现了大量可供求除法倒数的表格(人们想

① 选自罗伯特·莫里茨《数学和数学家》，多佛出版社，纽约，1914 年，经出版社同意重印。

出了巧妙的方法来寻找倒数)。数学问题有时与我们在教科书中经常遇到的问题一样,几乎不可能与真实的"现实生活"发生任何联系,这证明了数字科学的抽象性。此外,它最终演变出"代数",这是一种没有符号的代数,我们经常将它称为"修辞"代数。对于求解二次方程来说,除了符号的缺失之外,已经有一种非常现代的标准方法。这一方法甚至还可以求解三次方程和四次方程(以及可以降为低次的高阶方程)。对于确定在一定利率下货币增长到一定数额所需时间的指数方程,显然是利用幂级数表通过插值的方法来求解的。

这些技能大多是在文化张力下培养出来的,这一点似乎很清楚。有证据表明,人们喜欢纯粹的算术,不希望受到应用的影响,但一般来说,即使问题是在脱离了物理"现实"的情况下解决的,也摆脱不了应用的影响。就像埃及数学一样,我们解决了一个又一个问题,但能够被现代数学家称之为"理论"的东西却很少。

在这里特别要指出巴比伦数字科学的另外两个方面,它们对以后数学的发展起着重要的推动作用。其中一个涉及定理和证明的概念。历史学家经常指出,巴比伦的数学不包含任何我们称之为定理的东西,即一个具有逻辑证明的一般性陈述,它只是在"做这个,做那个"而已[这与当今"改革"之前,学校里所进行的初等数学教学相类似(见绪论,第 4 节),让人怀疑它是否已经超越了巴比伦阶段]。泥板里有大量的证据证明文士所接受的"训练"是一个又一个同一类型的问题。尽管如此,我们还是在这种训练中找到了我们称之为定理"直觉"的证据。没有给出定理的明确表述并不意味着他们不了解现代数学家在一个定理中所体现的一般性质或规则。反过来,巴比伦人知道毕达哥拉斯定理(见 3.2 节)并不意味着他们已经找到了它的明确公式,"毕达哥拉斯数"表格和其他证据仅表明他们对该定理的内容的认识。[1] 同样地,他们求解方程的过程,如方程组和二次方程,虽然只是给出一个又一个例子,但如果有可用的代数符号,那么就很可能以适当的符号"定理"的形式表述出来。很显然,他们的抽象概念的符号表述还没有发展到能够以定理的形式明确表述的阶段。然而,他们清楚地知道,某些程序总是会取得某些

---

① 特别是诺伊格鲍尔(Neugebauer,1957,PP. 35—36)。有一块关于正方形对角线的长度的泥板,上面认为正方形对角线长度近似于$\sqrt{2}$到$\sqrt{3}$之间的六十进制值,对此诺伊格鲍尔评论道:"由边确定正方形对角线的例子是对'毕达哥拉斯定理'的充分证明,说明这一定理其实早在毕达哥拉斯之前的 1 000 多年就被发现。"在第 59 页有关于这块泥板的图片。

结果，即使他们可能不会将这些描述为一般命题。

此外，最近诺伊格鲍尔和萨克斯的研究表明，巴比伦人为某些程序提供了初级的证明。从最近发现的一些碑牌中可以看到，他们利用倒数的知识对倒数表进行“检验”。记录数 n 以及用于查找 $\frac{1}{n}$ 的关键数字，然后以相同的方式处理 $\frac{1}{n}$，以此表明 $\frac{1}{n}$ 的倒数是 n。从广义的角度来看，我们可以把这种方法看作是后来更精确的“证明”概念的前身。然而，更有可能的是，当时盛行的“证明”是一种实用的证明——即让一个“定理”（这里指的只是口头陈述的过程或公式）在一个又一个的例子中“起作用”，这些例子的积累构成“证明”。即使在今天，这仍然作为对自然科学理论的一种验证，我们可以从巴比伦的文献记载中推断出它是巴比伦数学中使用的一种证明。毕竟，上述“证明”只是一种验证形式，并且在当今的数学中，不是所有的数学表述都是用逻辑方法来验证的。通常我们只是从逻辑上证明一般定理。对于巴比伦数学家的特殊情况来说，他们的验证并不需要逻辑。[当我们在证明（也就是“验证”）2 是方程 $x^2-3x+2=0$ 的一个根时，我们就是在模仿他们的过程]

总而言之，就巴比伦数学而言，他们往往是通过口头的方式陈述规则，留给后代的只是他们用来说明这些规则的例子，这些例子被烧制在泥板上。如果是这样的话，那么他们离一般定理的概念就不远了。有人认为，一个没有逻辑证明的“定理”算不上一个真正的定理。如果是这样，那我们是基于自己的标准进行判断，但我们不能忘记，“证明”的内容因文化而异，也因时代而异。他们的“证明”类型也许没办法像后来的希腊人（顺便说一句，希腊人的标准也很难达到我们的标准）那样可靠或精炼，但在他们看来这已经相当有效，从他们自己文化的标准来看，这是相当令人满意的。

2.3.3 数概念的地位及其在巴比伦统治末期的符号表示

巴比伦人在何处留下了数的概念？他们所取得的显著进步是有目共睹的。根据美索不达米亚文化（这个文化被称为“巴比伦文化”）已知的起源，可以推断出这一文化始于以 10 和 60 为基底，或两者混合使用的基本的计数形式。就自然数（即“计数数”）而言，巴比伦人最终获得了与今天使用的系统一样充分的六十进制符号系统，包括零和位值，以及能够用来表示任意大的数的符号。此外，他们认识到同样的系统可以扩展到任意小数。他们没有将其充分应用于任意小数，因为这需要使用无限符号序列的概念。然而，即使他们是希腊世界杰出的接班人，直到19世纪整个文明世界都无法获得这一概念，也没有意识到它对一般实数论的重要性(见第4章)。后者的发展需要一种内部的数学文化张力(稍后会描述)，这种张力在希腊时代确实存在，数的几何形式——"量"以及欧多克索斯的杰出研究是在这一张力作用下仅有的两项成果。

巴比伦人已经形成了某种数的概念，这可从文士们对"数字命理学"的明显喜好中得到证明(比如数字7)。毫无疑问的是，巴比伦的数字科学的知识水平至少与当今普通大学毕业生的数字知识水平相当，尽管这仅限于特殊的从业者(如寺庙文士)。此外，这一数字科学显然构成了巴比伦文化的全部"数学"元素。其中出现的几何似乎仅仅是一个附属元素(见第3章)，尽管它有着重要的实际价值，同时也是数字科学应用的肥沃土壤。也有证据表明，这种方法论性质让人想起毕达哥拉斯在数论中对几何形式的运用。

2.3.4　"毕达哥拉斯"学派

随着后来巴比伦科学的发展，希腊文化中涌现出一群被称为"毕达哥拉斯学派"的哲学家和神秘主义者。根据希思(Heath，1921，vol. Ⅰ，P. 67)的说法，这个学派是由毕达哥拉斯(约公元前572—497年，或稍晚一点)创立的，并且他被认为是泰勒斯的学生。有证据称，他早年的大部分时间都在旅行，吸收了埃及人和巴比伦人的数学和天文学思想，最后定居在意大利南部的一个希腊海港(克罗托纳)，并在那里建立了他的学派。尽管我们想通过毕达哥拉斯，也许还有泰勒斯这样的特殊个体，聚焦于某些起源的传统，但毫无疑问的是，这样一个带有宗教和政治色彩的早期群体发展了大量的计算和几何。通过这一群体的努力，数字获得了前所未有的神秘性和绝对性。"万物皆数"是毕达哥拉斯哲学中常用的一句话。"数字是永恒不变的，就像天体一样；数字是可理解的；数字科学是宇宙的关键。"(Russell，1937，PP. 9—10)数与和声学之间关系的建立常被认为是哲学的起源。①

不幸的是，"毕达哥拉斯"学派中概念的起源似乎仍然是有史以来最大的谜团

---

① 也就是说，这些和谐的声音是由弦发出的，弦的长度比由自然数来表示。

之一。对它们的了解要比对巴比伦数字科学的起源的了解少得多。关于巴比伦数字科学的起源,保留下来的泥板上记录了许多数字早期的性质和用途,而“毕达哥拉斯”学派的著作却无一保留下来。因此必须依赖后来的作家,但对他们来说,毕达哥拉斯已经是一个传说中的人物。我们甚至不清楚亚里士多德是否相信毕达哥拉斯的存在,也不清楚亚里士多德的头脑中是否获得了毕达哥拉斯数的概念(见 Heath,1921,vol. Ⅰ,P. 66)。像泰勒斯和毕达哥拉斯这样的个体可能是出于解释的目的而被创造的,从文化的角度来看,这根本不能作为概念起源的一种解释。相比之下,关于牛顿研究的起源,从他研究期间的数学状况中就能清楚地看出。[①] 但对于毕达哥拉斯思想形成的文化环境,我们几乎一无所知。单单凭借后来作家的论述难免有些草率,因为他们之间会存在分歧,并且还会有一些虚构的元素。我们知道,希腊哲学的一个显著特点是对人和宇宙的本质提出质疑,把系统地阐述“基本原则”放在第一位。在这样一种氛围中,一个有着神秘倾向的“学派”得出一个基于数字的存在理论,也许并不奇怪。

但除此之外,人们可能会好奇,为什么更多的巴比伦数字科学没有通过渗透的方式影响希腊人的思想。同样地,在这里我们只能猜测。在后来的希腊文化中,特别是在天文学家托勒密和丢番图的研究中,巴比伦数学的影响显而易见。但在毕达哥拉斯学说可能发展起来期间,即公元前 700 年到公元前 500 年,从文化的角度看,似乎没有什么证据表明其受到了巴比伦的影响。希腊哲学家可能意识到巴比伦的数字系统,却没有洞察到其中内在的可能性。在从现存的数字系统(希腊或其他)中选择六十进制位值符号之前,需要文化张力的作用(就像后来的希腊天文学那样)。推测起来,在公元前 600 年以及六十进制计数法还未包含零符号的时候(除了 2.2.2 节中提到的其他缺陷),这种文化张力还未存在。

希腊文化是在变化中的,这一点从较早的雅典数字符号逐渐被较晚的爱奥尼亚字母系统所取代这一事实就可以清楚地看出(见 2.2.2 节,以及 Heath,1921,vol. Ⅰ,PP. 30ff)。正如我们已经观察到的,后来的希腊天文学家确实采用了巴比伦的六十进制系统。但是在我们所说的初期,几乎没有证据表明它有任何普遍的吸引力。基于我们后见之明的角度,可以推测,希腊哲学家并没有意识到巴比伦

---

① 用牛顿自己的话来说就是,“我站在巨人的肩膀上”。

数字的可能性。

毕达哥拉斯数神秘主义的特征在许多著作中都得到了详细的论述。对我们来说，我们只需要记得少数几点即可(更多细节见第3章)。正如巴比伦人“用一个数字代表一位神，总共多达60个数字，这些数字表明神在天上的等级”，毕达哥拉斯也认为“绝大多数数字具有非凡的含义，他们认为：偶数(2，4，6，…)是女性数字，属于尘世；奇数是男性数字，带有天性”(Dantizig，1954，PP. 40—41)。

“每个数字都带有某种人类属性。‘1’代表理性，因为它是不可改变的；‘2’代表意见；‘4’代表公正，因为它是一个完全平方，两个2的乘积；‘5’代表婚礼，因为这是第一个女性数字和第一个男性数字的结合(2+3=5)。1不是一个奇数，而是所有数字的来源。”(Dantzig，1954，PP. 41—42)

这种神秘主义也给数学带来了好处。毕达哥拉斯对数的研究就是今天所谓的数论(比前面提到的巴比伦人较为浅陋的开端要更进一步)。希腊人把它叫做算术(欧洲最近才将其称为算术)。人们很容易猜测(这是人们唯一能做的)一个真正的科学性理论是如何随着如此深奥的神秘主义而产生的。有人可能会说，数字的数字命理属性赋予它们在实用主义发展阶段没有达到的高度，从“低微”的起源开始，到现在具有了神秘的意义。还有什么比研究它们的固有本质更自然的呢？也许那些研究会带来迄今尚未被认识的神秘解释。

奇数与偶数的区别具有神秘的意义，从数论的角度来看，这是基本的分类。“亲和”数或“友好”数的概念也被归功于“毕达哥拉斯”学派，这一概念后来引起了费马、笛卡尔和欧拉的兴趣(Heath，1921，vol. Ⅰ，P. 75脚注1中提到了欧拉关于61对友好数的描述)。两个数，如果每一个数是另一个数的约数之和，那么这两个数就是友好数。民间曾流传当毕达哥拉斯被问及“什么是朋友”时？他回答道，“是另一个我，就好像220和284”(见Dantzig，1954，P. 45；Heath，1921，vol. Ⅰ，P. 75)。“这一对数字有着神秘的光环，后来有迷信的人认为，佩戴有这些数字的护身符的人之间会建立完美的友谊。这些数字在魔术、巫术、占星术和占卜中扮演了重要的角色。”(Eves，1953，P. 55)[①]同样地，有人认为，“毕达哥拉斯”学派还对“完美数”(它为其自身约数的和)[②]感兴趣[尽管希思(Heath，1926，vol. Ⅱ，P. 294)

① 经麦克米兰公司允许后引用。

② 例如，6是一个完美数，因为它的约数是1、2、3，6=1+2+3。

坚持认为他们在不同意义上使用这个词]。从希腊时代到现在,完美数是人们对数论的兴趣所在。在《几何原本》(见 Heath,1926,vol. Ⅱ,P. 421,Proposition 36)中发现的一个经典结论是,如果 2^n-1 是素数(其中 n 是大于 1 的自然数),那么数字 $2^{n-1}\cdot(2^n-1)$ 是完美数。因此当 $n=2$ 时,就得到了最小的完美数 6。因为这样的数总是偶数,于是有人猜想,是不是所有的完美数都是偶数——这是数论中一个尚未解决的问题[欧拉表示,如果一个完美数是偶数,那么它一定以某种形式存在于欧几里得定理中(Eves,1953,P. 56)]。

无论事实的历史细节如何,数字神秘主义似乎在数概念的成熟和数论的诞生中都扮演了重要的角色。命理学和数论最终分道扬镳,就像占星术和天文学一样(炼金术和化学也同样如此),其中一个是现代"命理学"的惯用手段,另一个(用高斯的话来说)成为了"数学女王"。据推测,这种分裂并没有在"毕达哥拉斯"学派中发生,二者被一个共同的纽带连结在一起。对于"毕达哥拉斯主义"来说,数(即自然数 1、2、3 等)可能达到了与现代相当的抽象程度。

2.4 插曲

数概念的演变,从最初计数的基本形式到希腊理想化的数,涉及一种日益抽象的思维方式。此外,这是通过文化力量来完成的一个过程:环境张力,尤其是文化张力,导致了原始计数的产生;符号化不仅帮助数字变得客观("名词")和可操作,并且它还是一个有"时限性"的工具,能够不断地进一步发展;而位于美索不达米亚平原的文化之间的渗透,以及后来在整个希腊地区的渗透,都使得数概念日益抽象化,事实上进行了结合(见 2.2.3 节)。在这一过程中,甚至连文化滞后和文化抵制也起了不小的作用。到毕达哥拉斯时代,数的计数和表意文字已经渗透到整个地中海东部地区,数字观念发展到成熟的程度,并在毕达哥拉斯神秘主义的抽象中得到了体现。这种演变的高潮(常与柏拉图的名字联系在一起),是把数字实体化到一个理想的领域,在这个领域里不仅存在数的"真实"形式,还有其他数学概念的"真实"形式。从这个观点来看,数字独立于人类的使用而存在,无论是在人类出现之前,还是在人类最终从地球上消失之后。数的概念仍然被外行人、数字命理学家、哲学家和数学家广泛接受。它的哲学有效性或非有效性与我们无关。但是,作为一种文化现象,它的存在确实与我们相关,就像所有演变出来的不同的数概念一样。

在希腊时代末期和 18 世纪之间，数字基本没有发生什么演变。罗马是一个“务实的”民族，除了计算所需的以外，他们对数学并不感兴趣。比如他们学习使用算盘。① 这一事实与希腊人对理论而非实践的热爱形成了惊人的对比。虽然在罗马帝国和欧洲文艺复兴之间的过渡时期，“印度-阿拉伯”数字经历了一些微小的符号变化，但他们的总体特征却没有发生什么显著的改变。

在史蒂文时代及其之后，随着完整的十进制数系统（包括十进制小数）的发展，可以预期会有更进一步的发展。然而，在 17 世纪、18 世纪和 19 世纪早期的分析学家的“经验主义”完成之前，进展甚微。到这个时候，很明显，“实数连续统”的含义需要有一个明确的基础。② 这是在 19 世纪下半叶和 20 世纪初所进行的工作。由于几何注定会在其中发挥作用，因此我们先回顾几何的早期演变，特别是关于它与数之间的关系。

---

① 思考算盘对数字发展的影响是很有趣的。虽然在早期，它可能在位值的提出和零符号的发明方面起了作用，但后来它似乎阻碍了数字系统的进一步发展。

② 在没有这种基础的情况下也能创造如此多的“好”分析是数学史上的“奇迹”之一。然而，这项工作所带来的遗传张力是建立基础的推动力。见第 60 页的“遗传张力”。

3 几何的演变

如果算术不受任何几何的影响，那将只有整数，正是为了适应几何的需求，才发展了其他东西。

庞加莱(Poincaré，1946，PP. 442)

3.1 几何在数学中的地位

当提及"数学"这个词时，"普通的门外汉"也许会立即想到计算，也即数字运算——这也是巴比伦人所认为的数学。另一方面，任何有过高中学习经历的人(这里指在现代课程修订之前，见绪论，第 4 节)可能记得，数学中有一门叫做"几何"或"平面几何"的课程。他如果学习过这门课程，就会发现这与他以前学过的数学截然不同，尽管他曾经在算术和代数课程中毫不费力地解决过几何图形中有关测量的问题。然而，在几何课程中，他发现自己从一些被称作"公理"或"公设"的"假设"开始，接着学习一些"定义"，以及一些由"逻辑"方法证明了的"定理"、"推论"和"引理"等等。这门学科的整个发展过程完全不同于他熟悉的算术和代数的发展过程。① 也许他会感到好奇：为何会出现这样的情况呢？又若他是一个"非同寻常"的孩子，那么他会思考：为什么这个新型的学科最初会被称作数学？如果是这样，那么他绝非是唯一一个这么想的人，仔细思考下面给出的引文。

第一句来自一本由著名分析学家所写的书。② 这个分析学家虽然在分析领域

---

① 然而，最近教学方法的改变已经将公理化方法引入算术和代数中，使从算术和代数课程过渡到几何课程不再那么突兀。

② 保罗·迪恩斯，《泰勒级数：复变函数理论导论》，牛津大学克拉伦登出版社，1931 年。引文来自前言，第 5 页。

工作，但他的思想以数而非几何为基础，尽管分析学很大程度上归功于几何情景中产生的想法，并且现代分析学大量运用数学的一个分支——拓扑学理论(拓扑源于几何)。拓扑学中最著名的定理之一叫约当(Jordan)定理或约当曲线定理，这位分析学家认为有必要进行以下考虑：

"约当定理是……不可避免地证明*数学不包含几何*，不管是欧几里得几何还是其他。"(斜体字来自怀尔德)

通过一个几何定理来证明数学中不包含几何，这是一个奇怪的说法。现在，在另一本关于几何学基础的书中，有一个与之相对的说法：①

"几何中任何客观的定义都可能涉及*整个数学*。"(斜体字来自怀尔德)

这些截然不同的观点，并不是由古怪的人提出来的，而是由著名的和受人尊敬的数学家提出的(其中至少有两位数学家——维布伦和怀特海，他们的研究对数学做出了重要的贡献)。在这里还不足以讨论为什么这些对立的观点会被同时代的数学家提出，今后将在一个更合适的地方讨论它。就目前而言，它们可以作为专业数学家个体在几何的构成上无法达成共识的证据，而不仅仅作为数学家在数学的构成上无法达成共识的证据。此外，还有一个问题：几何一开始是如何进入数学中的？

尽管有上述言论，但仍然存在每个数学家都会称之为几何的研究对象。欧几里得几何就是一个显著的例子。可以推测，提出上面第一个引文的保罗·迪恩斯不会在数学中赋予欧几里得几何一个权威的地位。对此，必须承认他有正当的理由。人们常常听到一句这样的话：欧几里得几何是物理学的一部分。如果我们想起希腊人坚信他们的几何学建立了一门空间和空间关系的科学——这里"空间"指的是物理空间，那么上述论断就有了一个很好的依据。几何一词的英文 geometry 是希腊语中"地球"和"测量"的合成词，换句话说，"geometry"的字面意思是"地球测量"。因此从词源学的角度来看，人们会认为这个词表示土木工程的一个分支。此外，在 17 世纪笛卡尔和费马引入解析几何之后，人们有理由认为，无需再去证明欧几里得系统的必要性了。

然而词汇会不断发生变化，或者被赋予新的含义。"几何"这个词汇也一样。

---

① 维布伦和怀特海，《微分几何基础》，剑桥大学数学与数学物理学丛书，第 29 卷，剑桥大学出版社，1932 年，第 17 页脚注。

现在的非欧几何、射影几何、微分几何以及像拓扑学这样的学科，尽管它们明显已经超过了原来几何的范畴，但其中仍包含了大量的大部分数学家都会称之为几何的东西。另外需要考虑的是，人们是否会同意这些学科的所有表现形式都成为数学的一部分。有些人可能会坚持认为，只有用代数和分析的语言进行表述时，这些学科才能被当作是数学。另一方面，有些人可能会反对这一观点，他们认为重要的是基本的概念，只要没有导致概念的扭曲，无论是用分析的语言装扮它，还是用普通的语言表述出来，都无关紧要。一个人表达他的想法的方式可能只是个人品味问题，但重要的是把它们清楚地呈现出来。大部分数学家都厌恶累赘和难以操作的表述方式。例如，欧几里得几何的某些定理，用代数方法更容易得到证明，而不是用传统的综合(逻辑)方法，当然在一些情况下，这句话反过来也成立。因此，大部分数学家可能两种方法都接受，这就意味着他们选择保留几何在数学中的地位。

回到"几何"一词涵义的不确定性上：尽管可以毫不夸张地说不存在对数学给出相同定义的数学家，但我们仍毫不犹豫地使用"数学"，同样我们也仍毫不犹豫地使用"几何"一词。尽管人们在对这个词的各种特殊应用上存在分歧，但它有一个普遍有用的内涵。事实上，目前通常的做法是通过搭配合适的形容词来修饰这个词，如"射影几何"、"代数几何"等。除此之外，人们还经常听到一个人被称为几何学者，这意味着他在一个被称为几何的领域内工作，例如人们有时听到系主任说他希望有人能够教他的几何课程。

3.2 希腊之前的"几何"

几何并非一直如现在这样存在。曾经有一段时间，数学不包含任何可以独放一类且被称为几何的东西。今天的"直觉主义者"认为，数学可以通过建构的方法从自然数中衍生出来(见 6.2.2 节)，倘若这些"直觉主义者"身处那个早期的环境，他们是会很高兴的。因为那时的数学仅仅是一种由整数和分数组成的算术，当然还有一种处于胚胎期的代数(当时已相当了不起)，但它被符号的缺失阻碍了，而符号的缺失是任何现代数学家、直觉主义者或非直觉主义者都无法接受的。最近的研究证实，尽管存在符号上的障碍，早期的数学已达到了相当惊人的水平。然而(正如在 2.3.2 节指出的)，没有证据显示在这个古老的数学中存在"证明"

（它是现代数学不可分割的一个组成部分），除了一种初级的证明形式——通过对结果的"验证"来证明（例如通过倒数的倒数是它本身来证明倒数的正确性）。然而，说巴比伦人没有证明他们的规则是不对的（见 2.3.2 节）。只不过就像今天的自然科学一样，他们的证据是经验性的。因而他们有一些规则是错误的，就不足为奇了。尽管如此，巴比伦代数在方法上的成就还是相当引人注目的，它不仅给出了二次方程的解，而且还给出了高次方程的解。特别是对毕达哥拉斯三元组的研究，这项研究被保留在普林顿 322 号泥板上。[①] 此外，巴比伦代数甚至还提出了指数方程的解，如确定一笔钱在给定的利率下累积到一定数量所需要的时间。可以预料到，这是利用数表来解决的。引用诺伊格鲍尔（Neugebauer，1957，P. 48）的话来说："尽管我们对巴比伦数学的了解可能不完整，但毫无疑问的是我们目前已经确认了非常多的内容。我们正在研究的巴比伦数学的发展水平，在很多方面可以同文艺复兴时期的数学发展水平相比较。"

但这一时期的"几何"是什么呢？自然，人们不会期望找到我们今天所说的几何。但是如果在这个词的任何发展阶段，都没有赋予这个词各种各样新的含义，那么人们更不可能在巴比伦数学中找到任何我们称之为几何的东西。尤其如果巴比伦人在毕达哥拉斯之前的 1 000 年就已经意识到了"勾股定理"，那么需要对这个陈述作进一步的解释。[②] 事实上，可以进一步补充说明：如果几何代表一个特殊的数学分支，那么巴比伦数学中没有任何可以称为几何的东西。毕达哥拉斯定理所体现的直角三角形的边的关系与当时已知的任何测量规则相当，例如用于测量某个基金在一段时间内的利息金额的规则等。巴比伦人不会认为毕达哥拉斯规则是数学的一个特殊分支，就像现代数学家也不会认为"金融数学"是数学的一个特殊分支一样，后者只是一系列特殊的技术构成的对数学的应用，而不是数学本身的一个分支。同样，巴比伦数学家会认为计算面积的规则只不过是一系列特殊的技术构成的对数字科学的应用罢了。

---

① 可参阅诺伊格鲍尔（Neugebauer，1957，P. 36）。该书的第二章是对巴比伦数学知识现状的一个权威且通俗的描述。显然，巴比伦人认为"毕达哥拉斯"关系是数量关系——数字之间的关系，而希腊人则认为是几何关系——面积之间的关系。

② 关于巴比伦人已知的一些几何"定理"的列表，请参阅阿奇巴尔德（Archibald，1949，P. 8），这些定理包括：矩形、直角三角形、特殊梯形的面积，棱柱体、直圆柱体的体积，以及圆锥或正四棱锥的平截锥体的体积。

他们已经得到了计算平面图形面积和立体图形体积的方法(虽然并不总能得出准确的结果)(Archibald,1949,P. 8)。正如诺伊格鲍尔(Neugebauer,1957,P. 45)所言:"在这个层面上,按照一定的规则分配一笔钱和将给定大小的区域划分成(比如说面积相等的)若干部分,它们之间没有本质的区别。"所有情况都必须观察到外部的条件,前者是继承财产的条件,后者是测定面积的规则,或者处理方案与工价习俗之间的关系。一个问题的数学重要性在于它的算术解,"几何"只是众多将算术应用于实际生活的学科之一。在巴比伦,"几何"不是一门特殊的数学学科,而与其他表示日常物品数量关系的形式处于同等地位。如果我们谈起有关巴比伦数学的几何知识,我们必须清楚地记得这些事实,因为几何注定在数学发展中起着重要的作用。也就是说,我们之所以谈论巴比伦数学中有关"几何"的术语,是因为后续的知识是在它的基础上发展的。因而,我们把它们挑出来,作为特别关注的对象。

就埃及的"几何"而言,已知他们会使用计算三角形面积的规则,但没有令人信服的证据表明他们熟悉勾股定理。另一方面,值得注意的是,它包含了一个平截正四棱锥的体积公式,这个公式目前还在使用。(Sarton,1959,vol. Ⅰ,PP. 39—40)

3.3 几何为什么成为数学的一部分?

鉴于这些事实,人们自然会问:"我们称之为几何的东西是如何成为数学的一部分的?"巴比伦数学的其他特殊应用,如在金融、天文学上的应用等,在西方数学文化的后续发展中从未成为过"数学"的一部分,那为什么关于计算土地的面积、木桶的体积等内容能慢慢成功地进入数学领域?为什么这些内容没有成为"工程学"的一部分?当然,它确实成为了每个工程师和物理学家使用的工具,但关键是,它更多地成为了我们今天称为纯数学的一部分。(当几何穿上分析的服装时,想必那位认为古代数学不包含几何的迪恩斯,也会承认它是数学的一部分)

无疑,我们只能通过搜寻历史来寻找答案。不幸的是,历史在这一点上变得相当模糊,我们突然就看到希腊数学迅速发展的景象,它在内容和方法上都具有高度的几何特征,并且与稍后的巴比伦数字数学的发展处于同一时期。也许是由于早期的手稿和泥板遭到破坏(有的是粗心大意,而有的是肆意所为),我们不得不依赖于相关作家记述的史实，显然他们也没有想到有一天这些东西会被称为希腊奇迹。在数学革命的参与者看来，希腊几何的产生，是自然而然的事情。

如果要找到任何答案，我们就必须尽可能少些猜测，收集现有的事实并努力建构一个理论。当然，可以用"简单粗暴"的方法，把整个事件归结为"启示（revelation）"，特别是据说希腊发展中最早的一批参与者是毕达哥拉斯创立的神秘组织的成员（见第 2 章 2.3.4 节），由此人们就可以用"奇迹"作为答案了。但是这让人想起了化石曾经被解释为"化石制造力量"造成的。如果我们假定数学是文化演变的结果，就像其他的人文建构一样，那么我们必须利用所有关于文化的作用方式和反作用方式的知识，来形成一个合理的解释。如此一来，人们不会期望找到某个单一元素作为答案，比如说"启示"，而是期望找到一个不同元素相互作用的复合体，其中部分元素来自数学内部，部分元素来自数学演变的主流之外。

在这种情况下，传统的历史倾向于寻找那些创造"奇迹"的人。柏拉图在《斐德罗篇》中记载了苏格拉底的话："我听说埃及的瑙克拉提斯有一个古老的神，名为特乌斯，他的圣鸟名为鹮（ibis）。是他发明了数字、算术、几何、天文学，还有跳棋和骰子，以及最重要的——字母。"当然，没有一个现代学者会接受这样的解释，但许多人的确接受希罗多德和普罗克鲁斯等希腊历史学家讲述的关于泰勒斯（约 624—547 年）的故事。泰勒斯被认为是几何学的奠基人，他们把"直径平分一个圆"、"等腰三角形的两个底角相等"和"如果两条线相交，那么对顶角相等"等基本定理归功于他（Archibald，1949，P. 17）。但是诺伊格鲍尔（Neugebauer，1957，P. 148）评论说："这个故事清楚地反映出一个更先进的时期应该持有的态度：人们越来越清楚地认识到这类事实需要一个证明，才能用于后续的定理。后来的数学家很自然地认为，那些作为逻辑基础且需要首先建构的定理，同时也要按时间的顺序进行排列。事实上，当没有任何资料来源的时候，希腊历史学家的行为方式与现代历史学家完全相同，他们根据自己所处时代对理论的需求，恢复了事件的顺序。我们今天知道的所有数学事实，都要归功于早期的希腊哲学家，并且这些事实在许多世纪以前就为人所知了。但其中没有任何关于形式方法的证据，即公元前 4 世纪数学家们所称的'证明'。"

在许多方面，相比那些接近相关事件的历史学家来说，我们今天能更好地解释希腊几何的起源。从最近的研究中发现，我们关于埃及和巴比伦数学的很多了解，显然不为希腊历史学家所知。此外，人们对文化演变的过程有了更多的认识，尽管对其运作机制并不那么认同，但无论如何，足以使人们不再去寻找奇迹、神或者超乎寻常的个体，转而去寻找古代巴比伦和埃及的思想如何传进希腊文化的方式。

毫无疑问，巴比伦和埃及数学与希腊数学之间有一条连线，尽管希腊人可能借用了许多埃及的几何规则，但他们可能是从巴比伦人那里获得了一个最初的灵感，这个灵感为将几何概念引进算术和代数中做出了贡献。

3.3.1 数与几何量

数学吸纳几何概念的一个早期且基本的元素显然与在测量中使用数字有关，特别是在测量长度方面。[①] 毫无疑问，将数和线（还有点）联合起来，是几何得以进入数学的核心，其中数是最基本的数学元素，线是最基本的几何元素，而点是后来一个更成熟的几何概念。即使这是个简单的想法，它也经历了漫长的演变，例如早期的希腊人并不认为每条线段都必须有长度。然而，每当一个古代测量员拿出他的测量仪器，或者更确切地说，每当一个古代数学家基于测量员的行为构造出一个问题时，关于这个想法的萌芽就会被一再强化。巴比伦人和埃及人都习惯于设计问题来呈现数学概念，而几何情境就是问题的主要来源。数与面积和体积相关，又由于数是可结合的，因而与面积和长度相关的数常常被不加区分地通过加法或乘法结合在一起。（这种操作固有的错误直到很久以后才被发现）

3.3.1a 几何数论

无疑，毕达哥拉斯数论（见 2.3.4 节）是具有影响力的，它将数和几何以奇妙的方式联系在一起。关于数的“三角形数”、“正方形数”、“五边形数”等的分类就是一个很好的例子。用三角形表示三角数，如图 3－1 所示。

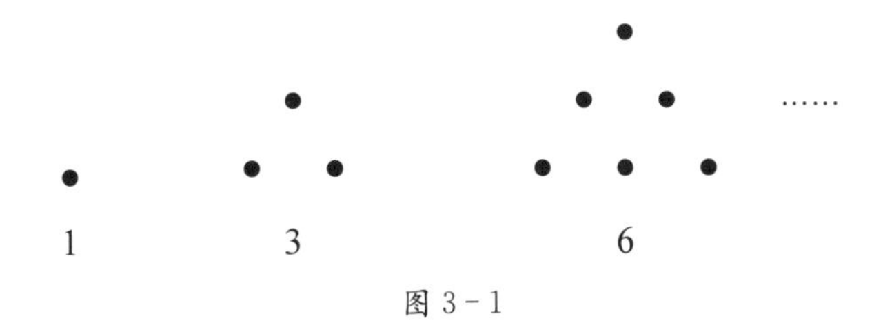

图 3－1

① 测量的起源及其标准的创立与数字的起源是相似的。不管哪种情况，直接对被测量或计数的物品进行比较，都要先于用长度或数的抽象概念来进行比较。更有趣的描述请参阅柴尔德(Childe，1948，P. 193)。

类似地，用正方形表示平方数如图 3－2 所示。

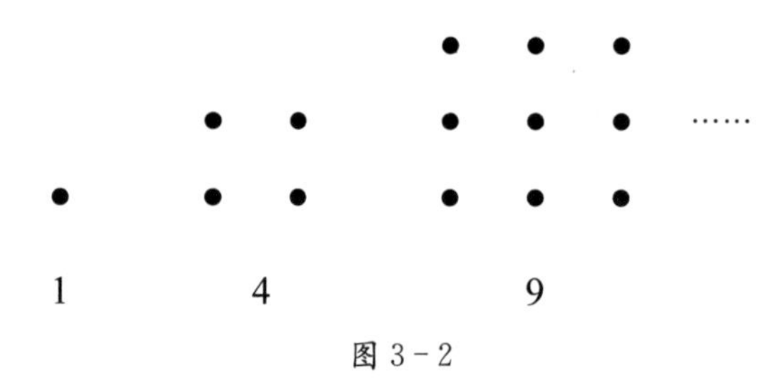

图 3－2

几何形式也通常用来推导数论中的事实。例如，将表示平方数的正方形一个接一个地叠在一起，如图 3－3 所示。

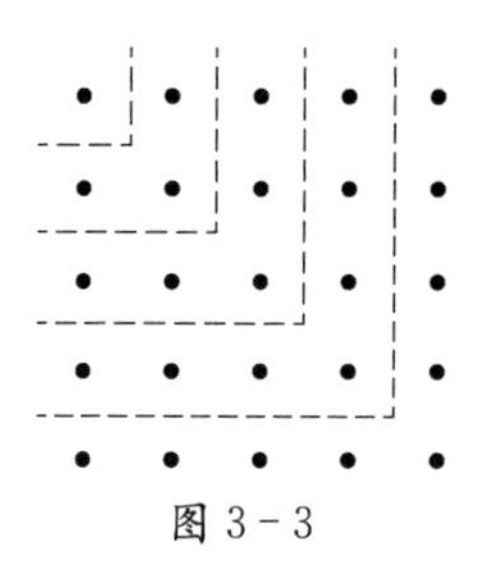

图 3－3

注意到每一个叠加都可以通过在前面的方块的基础上添加奇数个点来完成，这就不可避免地得出结论：从 1 开始，任意多个连续的奇数之和，都是一个正方形数，也就是说，

$$1+3+5+\cdots+(2n-1)=n^2。$$

今天通常利用等差数列求和或者数学归纳法证明这个公式。

几何方面有多少成就是由“毕达哥拉斯”学派取得的是存在疑问的。看起来似乎是“毕达哥拉斯”学派继承了巴比伦人和埃及人所知道的“规则”。有人说毕达哥拉斯独立地发现了以他的名字命名的定理，但很多人倾向于怀疑这一点。也许他只是提供了一个证明，并由此建立起了声望，就像现代数学家通过证明一个以前存在的猜想而赢得声望一样。已经被提及的古巴比伦时期的泥板上(藏于耶鲁巴比伦收藏馆)，清晰地刻着一个正方形，它的对角线旁边的数显示了如何利用一个近似于$\sqrt{2}$的值计算对角线的长度，上面所刻的近似$\sqrt{2}$的值为 1.414 213(正确的值是 1.414 214…)。这个泥板不仅可以证明巴比伦人早在毕达哥拉斯之前就知道了毕达哥拉斯定理，而且更有趣的是，它还揭示了在这个早期就已经出现了数(即“实数”)与线之间的联合。

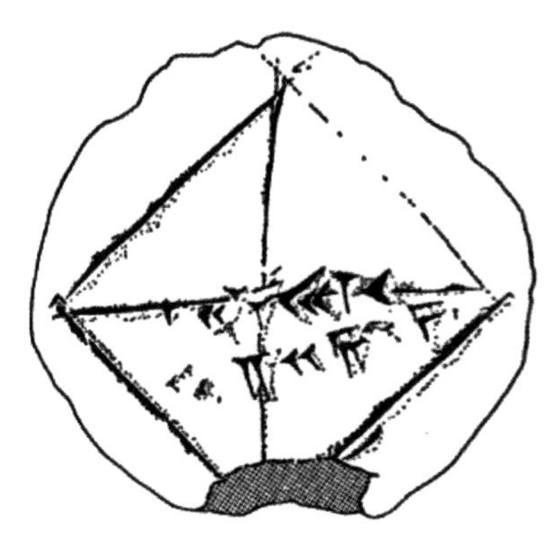

一个古老的巴比伦泥板，刻有一个正方形和它的对角线。水平对角线旁有可辨认的数字 1、24、51 和 10，它们代表了$\sqrt{2}$的近似值：（来自耶鲁大学斯特林纪念图书馆的巴比伦收藏图）

图 3－4

毕达哥拉斯的“万物皆数”的哲学，带来一个可能的结果，即将所有线段都是有公度的这一假设引入几何中。也就是说，两条线段的长度的比类似于一个自然数与另一个自然数的比（见绪论，第 3 节）。如果 L_1 和 L_2 表示线段的长度，并且它们有着合适的且相同的单位（如厘米或英寸），那么用符号表述则为 $\frac{L_1}{L_2}=\frac{m}{n}$，其中$\frac{m}{n}$为自然数。这些数如今被称为正有理数。在现代数学中，把任何能够用$\frac{m}{n}$的形式表示的数称为有理数，其中 m 是一个整数（正整数、负整数或零），n 是一个自然数，$\frac{m}{n}$称为有理分式。因此，自然数也是有理数，例如 2，可以表示为$\frac{2}{1}$。同样，负整数也是有理数的，例如－3，可以表示为$\frac{-3}{1}$。0 也是有理数，因为可以用$\frac{0}{1}$来表示。还有所有的“真分数”也是有理数，比如$\frac{1}{3}$、$\frac{8}{9}$等等。基于这个术语，毕达哥拉斯学派最初认为所有线段的比都是有理数。这或许还不会导致太严重的错误，除非他们的证明方法需要基于这个假设进行。当他们最终发现（历史学家似乎同意这一点）正方形的对角线与边的比不是有理数时，[①]数学遭受到严重的打击。但

① 这个比是$\sqrt{2}$：关于它是无理数的证明将在第 76 页的脚注中找到。

是，由此产生的“危机”对数学非常有利。尽管有传闻，“毕达哥拉斯”学派竭力守住这个秘密，并溺毙了最终泄露这个秘密的成员。但实际上，它只是给希腊数学世界留下深刻印象的张力之一，并推动了几何的基础和证明方法的重建与改进(另一个张力是关于时空连续性的芝诺悖论)。众所周知，希腊哲学家们一直在寻找一些基本元素，通过逻辑演绎的方法来建构他们的数学理论。如果一个基本假设被认为是不合理的，那么对它的修正可能会成为当前研究的主题。在目前的情况下，这个“修正”要归功于非“毕达哥拉斯”学派的欧多克索斯，他被阿奇巴尔德(Archibald，1949，P. 20)称为“仅次于阿基米德的原创天才”。他对不可通约量和比的处理通常被看作是《几何原本》第五卷内容的来源，同时也是 19 世纪戴德金定理的前身(见第 4 章)。无论如何，连续以“几何线段的量是连续的”的方式，强硬地登上数学的舞台，并且关于“数”的有序实数连续统的概念也开始出现了(直到 19 世纪后半期才得到完善)。

从演变的角度来看，这种“危机”的重要性在于，它提供了第一个明确的例子用以说明数学演变过程中“内部”的文化张力的作用，这是一种我更倾向称之为“遗传张力”的力量。[①] 这是一种在一个时期内积累而成的文化张力，通常是概念及其在系统内相互作用的一段长期持续的时间。“危机”的出现经常涉及遗传张力。[②] 就目前的发展状况而言，人们被迫认识到有一种未知的数字类型，促使人们将注意力放在寻找其可能的解决办法上。不存在外部因素——环境因素的影响，遗传张力就是罪魁祸首。科学史学家早就注意到了遗传张力的存在，例如，萨顿(Sarton, 1952)评论说：“……每一个科学问题都不可抗拒地隐含着新的问题，除了逻辑之外，没有其他限制。每一个新的发现都隐藏着迈向新的方向的张力。科学的整个架构的生长就像一棵树的生长，它们对环境的依赖是显而易见的，但是生长的主要原因——生长的内部力量——是在树里面，而不是在外面。”很明显，萨顿所说的“生长张力”指的就是遗传张力。遗传张力在现代数学“逻辑”领域中的作用，比它在自然科学中的影响更大，这是十分明显的。

也许，如果希腊数学家充分地意识到巴比伦六十进制系统中使用的位值系统的潜力(特别是在表示小数方面)，那么他们可能已经开始了“现代”分析。恰恰相

---

① 被称为“遗传”张力而不是“内部”张力，以强调它是由早先的和当前的数学概念相结合而导致的。

② 对比库恩(Kuha，1962)。

反，他们沿着几何的方向继续前进。这是自然的，因为“毕达哥拉斯”学派已经开始了在数论方面的研究，即用线段代表数或者用“三角形”、“正方形”等更高维的几何构型来表示数，同时也因为关于不可通约量（如$\sqrt{2}$）的“危机”出现在几何表示中。欧多克索斯比例理论的另一个优点是，用线段来表示数，由此我们可以用处理有理数的方式来处理无理数。（即用线段的公度来处理有理数或无理数）

3.3.2 欧几里得数论：数与量

作为对数的处理，希腊的发展中出现了一种神奇的（对我们而言）一分为二（dichotomy）。我们再次借助《几何原本》来说明这一点。首先，对数和量进行区分。在欧几里得使用的术语中，“数”意味“自然数”的意思，特别地，1 被称为“单位”，“数”是由它构成的（Heath，1956，vol. Ⅱ，P. 277）。另一方面，“量”是一个类似于几何线段长度的概念，一条线段的某一部分的量小于整条线段的量（当然“量”也包括其他几何度量，如角度）。

站在前欧多克索斯理论的角度来看，《几何原本》的第七卷特别有意思，它发展了我们称之为“数论”的东西[希腊人称之为“算术”，并且用“计算的科学（logistics）”一词来表示数字在日常事务中的使用]。《几何原本》第五卷欧多克索斯的比例理论中涉及对量的处理。但是关于“数”的比例理论是在第七卷中独立给出的。例如，第五卷（Heath，1956，vol. Ⅱ，P. 164）的第 16 号命题说：“如果四个量是成比例的，那么它们的更比也成比例。”（也就是说，如果$a:b=c:d$，那么$a:c=b:d$。）第七卷的第 13 号命题（Heath，1956，vol. Ⅱ，P. 313）说：“如果四个数是成比例的，那么它们的更比也成比例。”

另一个例子涉及著名的用来寻找最大公约数的欧几里得算法。关于“数”，在第七卷（Heath，1956，vol. Ⅱ，P. 298）的第 2 号命题中有这样的陈述：“给定两个不是互素的数，找到它们的最大公约数。”关于“量”，第十卷第 3 号命题（Heath，1956，vol. Ⅲ，P. 20）指出：“给定两个可通约的量，找到它们的最大公度。”

这种重复可能会被解释为希望把独立的“卷册”看作单独的单元。希思接受了这个关于重复的解释（Heath，1926，vol. Ⅲ，P. 22）。但是，在第五卷和第七卷中关于比例理论的重复，他评论道（Heath，1926，vol. Ⅱ，P. 113）：“后者只涉及可通约量，它可以被看作是欧多克索斯的一般比例定理推广之前，一个关于比例理论的特例……为什么欧几里得不为自己省去重复的工作，把数当作量的一个特殊的例子，把第七卷的内容归入第五卷对应的更一般的命题中，而是一次又一次地证明相同的命题呢？数属于量的概念范畴，这是无法避免的……然而，即使在第十卷中出现了一个比例，其中两项是量，两项是数，欧几里得也没有将两种比例理论联系起来(该比例是“可通约量与可通约量相比，数与数相比”)。可能的解释是：欧几里得只是遵循了传统，当他发现这两个理论的时候就直接给出了它们。”如果这个解释是正确的，那么在数学史上，这不是唯一一个体现了传统能发挥如此强大的作用的事例。作为自然数意义上的数，它在希腊数学的发展中占有特殊的地位，并且它的名字“arithmos”与“melikotes”一词有着截然不同的含义，后者通常被翻译为“量”。

同样有趣的是“比例”这个术语，它的希腊语形式是“logos”，在第五卷中给出了它的一个“定义”：“比例是两个相同类型的量之间的大小关系。”但在第七卷研究(自然)数的比例中，却没有给出其定义。可能由于数的“比例”过于“普遍”，是一个“常识”，因而不需要任何解释。但是当涉及不可通约量时，需要证明将这个词扩展到新用法的合理性。

另一方面，我们可以猜测这种一分为二的做法，是为了让现代数学家更好地理解其中的区别，也就是说，数在它的计数方面(自然数)和它的测量方面(任意实数)的不同之处。巴比伦人和埃及人通过自然数来确定一个实物的整个长度所包含的单位长度的数量，也许正是由于这种做法，使他们在测量中使用数就如同他们在计算金钱时使用数一样自然。或许是在处理不可通约量问题的必要性的过程中，希腊人认识到这两种角色的数的本质区别。“自然数”和“实数”之间的区别与我们今天保留的“基数”和“序数”(见 2.1.2b 节)的区别是类似的。在希腊之前的文化中，自然数作为量的角色是缓慢逐步地演变而来的，以至于希腊人所意识到的对自然数与量进行区别的必要性，在那时并没有被察觉出来。不管怎样，正如希思所推测的那样，欧几里得遵循传统，将自然数与量分开陈述，其中的逻辑合理性实际上是相当现代的。

著名的质数是“无限的”定理，是欧几里得《几何原本》第九卷的第 20 号命题，是希腊在数论中使用量的例证。实际上，欧几里得所做的，就是给出了一种算法(即一条构造某些实体的规则)，演示了如何证明：对任何给定的有限素数集合，总能找到一个不在这一素数集合中的素数。[①] 然而，他的几何证明对应着一个精确

① 他的证明是基于给定三个素数的集合这一假设进行的，但很明显，该过程在任何有限的素数集合中也同样适用。

的符号过程：如果 p_1，p_2，…，p_k 是给定的素数，考虑 $n=(p_1 \cdot p_2 \cdot \cdots \cdot p_k)+1$。如果 n 是素数，观察可知它不是给定素数 p_1，p_2，…，p_k 中的任何一个；如果 n 不是素数，则从 $n=(p_1 \cdot p_2 \cdot \cdots \cdot p_k)+1$ 的形式上可以看出，n 的任何一个素因子都不会在给定的素数集合中。

从《几何原本》通过几何来处理数的例子中，我们不难得出这样的结论：每当雅典人想买一件新外衣时，他必须拿出尺子和圆规来计算成本。因为正如我们已经观察到的(见 2.2.2a 节)，希腊人拥有一个足以应付日常事务和商业交易的数字系统——爱奥尼亚系统。在以《几何原本》为例进行数论研究的时期，这个"依照字母排序的"的数字书写系统(或它的前身——雅典系统)被学者和商人用于普通的计算。此外，像阿基米德这样的科学家也使用它进行计算。它使用的灵巧性可能是它一直到 15 世纪还存在于东罗马帝国的部分原因。尤其它比笨拙的罗马数字更适用于普通用途。有趣的是，法国数学家坦纳(见 2.2.2a 节)为了让自己熟悉希腊数字，练习了阿基米德的《圆的测定》一书中的四项基本运算。希思(Heath，1921，vol. Ⅰ，P. 38)发现希腊数字"具有他不曾想到的实用的优势，而且用希腊数字进行运算所花的时间比用现代数字更短"。

值得注意的是，新的元素——几何，在希腊文化中完全取代了数学，至少就方法而言是如此。① 我们推测几何占据主导地位，主要是因为几何可以用来发现和证明数论定理，以及以"量"的方式成功地处理了实数的问题。当然，说希腊人眼中的数学完全就是几何，这是错误的。后来的许多希腊数学家，如丢番图，他对巴比伦代数传统的使用，与对希腊几何的使用是一样多的。正如菲利克斯·克莱因(1939 年，p. 193)指出的那样，欧几里得并不打算将《几何原本》当作当代希腊数学的百科全书，甚至连他(欧几里得)自己关于圆锥曲线的研究都没有被包含进去。虽然如此，在缺乏合适的代数符号的情况下，阿基米德也要借助于几何符号。当然，在希腊时代结束的时候，数学已经接纳了几何作为其一部分(如果在这之前还未接纳的话)。有一段时间，希腊数学也接纳了其他学科，如音乐，但不难理解为什么这些学科没有留在数学的主体中而几何却保留下来。因为其他的学科更多

① 毕达哥拉斯的 4 门学科，由算术、几何、音乐和天文学组成，似乎把算术和几何放在平等的位置，然而这只维持至中世纪。4 门学科，连同 3 门学科——语法、逻辑和修辞，构成了教育的基本知识。

的是关于数学的特殊应用，而几何更关心的是抽象形式，这显然不包括在任何一种自然现象中。

3.3.3　数和几何的形式概念

因此，我们对几何学进入数学的原因有了最后的论断。例如欧几里得发现的“几何代数”，①其中几何为数和运算提供了一个简单直观的表示，因此几何成为数学应用的有力工具，无论在哪里，它都是应用的核心。天文学就是一个很好的例子，希腊人认为行星的运行轨迹是圆形的，并在此基础上对天文现象进行了研究。如今，数本身，尤其是自然数 1,2,3,…与集合的形式密切相关。集合是单个元素的、两个元素的，还是三个元素的等等，这显然是它的基本形式。如果集合是有序的，这是它的另一个特征形式。但是，数(即基数，见 2. 1. 2b 节)是更为主要的。从这个意义来看，几何可以说是我们研究数学的形式和模式的一种延伸。也许上述陈述在希腊人关于几何的使用中已有所体现，例如他们利用几何处理算术问题。并不是说希腊人已经有了某种先进的数学概念，而是认为在被迫处理无理数或不可通约量时，他们实现了对形式或模式的研究。

3.4　几何后期的发展

遗憾的是，像大多数古代著作一样，大部分希腊数学著作被丢失或毁灭了。我们主要依靠那些生活在几个世纪之后的评论家来获取关于它们的信息。我们很幸运，在欧几里得的 10 部作品中，至少有 5 部几乎是完整的，当然，其中之一就是他那著名的《几何原本》。自那以后，这部著作一直被认为是逻辑完备性的缩影(但不是现代的标准)，从几个基本假设(公理和公设)和定义的集合中，465 个命题通过逻辑链推导出来。正如已经观察到的，巴比伦和埃及的数学都没有达到这样的水平。那么它是如何在希腊数学中演变出来的呢？这是一个充满猜想和争论的问题(参见 Szabo，1960，1964)。许多人猜测，对芝诺的批判以及不可通约量的发现构成了一种文化张力，迫使人们去寻求一个稳固不变的基础，从这个基础可

① 诺伊格鲍尔认为希腊人的代数几何和巴比伦二阶问题的解可能有直接的联系。这个二阶问题是，已知关于 x、y 的乘积与和，求出 x 和 y 这两个数。(Neugebauer，1957，PP. 149—150)

以推断出几何、数论和代数(诸如此类)的分散命题。欧几里得的《几何原本》无疑是类似的早期作品的高潮,它是如此成功以至于它几乎一直是现代平面和空间几何的标准课本(一般来说,它里面的数论和代数已经被更现代的符号所取代了)。它的逻辑演绎模式被认为是理想的,以至于阿基米德和牛顿在大约 2 000 年后都还以类似的逻辑模式呈现他们的成果(尽管起初他们都是用其他方法推导出他们的成果的)。

要跟上几何后期的发展需要太多的技术性。从希腊时代到 17 世纪期间,几乎没有证据表明新的形式正在演变。然而,由于符号代数、艺术、建筑、天文学、工程和科学等方面的进步,产生了足够的张力,促使几何中新的概念模式的形成。这里只会提到其中两个发展。

3.4.1 非欧几何

欧几里得《几何原本》的基本假设之一是平行公设,通常称为平行公理。[①] 在绪论的第 3 节中,讲述了这个公设是否可以通过其他假设逻辑推导出来,并且这么多年来在这个问题上所做的努力都是归因于"美学"。没有一个数学家,也没有任何其他科学家,喜欢为理论建立一系列的基本假设("公理"),他们也不想将那些可以由其他基本假设逻辑推导出来的部分包含进去。

平行公设的情况最终具备遗传张力的所有特征,几乎是以一种强迫性挑战的姿态,迫使人们证明它能从其他基本假设中推导出来。中世纪晚期,整个数学团体中明显存在一种文化"直觉",即认为假设不可能"独立"存在。显然,是"事物的性质"迫使它发生(参见绪论中对萨凯里工作的描述)。

现在众所周知的是,一个著名问题的解决方案很可能是由几个独立研究的数学家完成的,而不是由单个研究者完成的。除了文化基础外,这种现象没有其他任何合理的解释。所需要的工具、类似的概念等,都在文化中积聚,并能够被该领域所有的研究者吸收。当它们的积累达到足以产生必要的张力时,问题就开始得到解决,并且不是由一个而是由多个研究者独立完成的。当然,解决方案通常并

① 在《几何原本》中,基本假设是以两种形式给出的,一个叫做公理,另一个叫做公设。公理被希望具有一种"普遍性",比如"某些事物都等同于同一个事物,那么这些事物彼此相等"。公设是几何设想,例如"所有直角都相等"。

非同时得到，这是意料之中的事。但是它们在时间上足够接近，以至于可以同时发表(如波尔约和罗巴切夫斯基的情况)。此外，那些获得了解决方案而没有公布的，或即将获得解决方案的人数通常是未知的(高斯是一个特例，因为他解决问题的方法可以被大众知晓，但一个名望和地位不高的数学家不会像他那样)。尽管大多数科学家都熟悉这些事实，并且他们通常引用他们个人知晓的其他事例，但由于平行公设问题在解决方案被提出之前经历了相当长的一段时间，因此引起了广泛的兴趣。人们可能会觉得，一个问题被知晓和处理的时间越长，同时出现解决方案的可能性就越小。但他们可能忽略了文化演变的方式，尤其是积累新工具和概念的必要性。关于平行公设的例子，在解决方案出现之前的几年时间里，思想开始慢慢成形，尤其是代数公理系统的形式特征为解决方案提供了新的思路。

3.4.2　解析几何

解析几何的引入为第 2 章 2.2.3 节中的术语“结合”提供了一个很好的例子。这里有一个有趣的事实，尽管《几何原本》中的数论和几何代数已经被中世纪早期更先进的符号所取代，但是《几何原本》中的纯几何内容仍然以综合法的形式保留着，即基于纯逻辑的证明形式。

不管怎样，17 世纪就出现了引进符号方法的想法，这些符号方法已经在代数领域成功地取得某些便利。正如预料的那样，一些创新者几乎同时提出了这样的想法，特别是笛卡尔、笛沙格和费马。这里不讲述细节，总体思路是用代数方程来表示几何构型，然后根据代数规则进行操作，从而产生能够用于解释几何的结果，进而将这些结果作为几何的重要定理。由此，希腊数学中依赖于几何而发展起来的代数(由于新的符号方法)达到了一种独立发展的成熟阶段，现在它可以反过来应用于几何了。一般来说使用代数解决几何问题，比使用传统的逻辑方法更为简单。从 17 世纪的角度来看，这时发生的事情是当时数学文化中两个元素的结合，即代数和几何，从而产生了一种新的、更为强大的数学方法，即解析几何。[①]

---

① 有人认为(Coolidge，1963，P. 117)解析几何始于希腊人，因为只需要用现代代数符号对希腊人的几何代数进行解释，就得到了现代解析几何。但不应将此材料视为一种反驳，解析几何作为关于结合的例子，说明新的代数符号和几何的结合。

3.5 几何模式的渗透对数学的影响

几何“入侵”数学带来了什么影响？几何对接纳它的学科带来什么有益的贡献？我们已经看到它在希腊时期的一些影响。最基本的影响是，不仅使“数学”超越了数字科学的局限(像巴比伦设想的那样)，而且希腊数学实质上就是几何。此外，当然还有其他显著有益的贡献，并且对现代数学有深远的影响。

3.5.1 公理化方法和逻辑的引入

我们应该把公理化方法的发明放在第一位。据推测，为了在稳固的基础上发展几何学，避免出现像芝诺悖论以及不可通约量的危机，希腊人在数学中发展了公理化方法。事实上，我们的先辈认为公理是几何学的一部分，就像最近的学生认为对数是三角函数的一部分一样。人们在几何学中使用公理，而不是在算术或代数中(除非像希腊人操作的那样，这些东西本身能够被包含在几何中)。因此，公理化方法的引入必须归功于几何学。

然而有趣的是，数学家似乎是最后一批采用公理化方法作为一般基础工具的人，也就是说直到20世纪，它才被普遍用作建立非几何系统的基础。与此相反，在17和18世纪期间，涌现出大量在假设的基础上发展社会和哲学理论的尝试，特别是伦理上和政治上的。经典的例子是斯宾诺莎的伦理学，即使是像笛卡尔和莱布尼茨等与数学密切相关的人物也与此有关(作为一个年轻人，莱布尼茨使用了“几何方法”——那时被称为公理化方法，提出政治问题的解决方案)。[①] 直到19世纪公理化方法才开始在数学中被普遍接受。公理化方法不仅作为建立和归纳数学和物理概念的一种手段，而且还被揭示为一种研究工具，如用于哈密顿、高斯、皮考克等其他人在代数中的开拓性努力，还有力学家休厄尔，几何学家格拉斯曼、帕施和希尔伯特等，以及意大利逻辑学家皮亚诺和他的一般形式系统的追随者，都把它作为一种研究工具。由此，一个重要的理论工具从几何渗透到了数学的其余部分，这个过程经历了如此长的时间，无疑是因为受到了文化滞后和文化抵制的影响。

逻辑作为公理化方法的重要组成部分，在数学中也占据突出的地位。作为一

① 关于这个有趣的讨论，请参阅布雷德沃尔德(Bredvold，1951)。

种独特的希腊思维模式，逻辑位于公理化方法的核心。几乎不需要指明逻辑的主导地位对数学意味着什么。此外，它在证明方法上是如此重要以至于有些人坚持认为数学实际上是逻辑的延伸，认为数学的本质是逻辑演绎。关于数学的"定义"，已故的哈佛数学家本杰明・皮尔斯(数学是得出必要结论的科学，1881 年)，怀特海(A. N. Whitehead)(从最广泛的意义来看，数学是所有规则的、必要的、推理的形式发展，1898 年)和伯特兰・罗素("纯数学是所有形如'p 推出 q'的命题分类，其中 p 和 q 是命题"，1903 年)，这是在世纪之交数学界给出的绝大部分典型的结论。但是，似乎可以肯定地说，这种观点在今天并没有很多支持者。与此同时，公理化方法在逻辑领域自身的应用发展出了数理逻辑(mathematical logic)，并揭示了一个这样的事实：当按照公理化进行分析时，"逻辑"不见得是唯一的理论——就像非欧几何的发明破坏了欧几里得几何的唯一性一样。显然，作为一个例子，数理逻辑证明了下述理论：单纯只追求纯科学研究(与绪论的第 3 节比较)，最终转而发现它有着重要的应用(例如计算机理论)。显然，希腊人的逻辑方法在数学中的广泛传播对数学及其应用产生了深远的影响。

3.5.2 数学思想的革命

通过几何在 19 世纪数学和哲学思想革命中的作用，观察到几何对数学的另一个影响。可以肯定的是，这场革命很大程度上归因于公理化方法在代数和形式逻辑中日益增多的应用。但非欧几何的引入也给革命带来了决定性的刺激。这场革命的结果正如康德所设想的那样，数学并不局限于某些特殊的模式或者我们从外部世界感知的模式，它可以创建自己的模式，仅受当前数学思想状态的限制，并且这样的模式对数学或其应用具有重要意义。如果没有这种数学想象的自由，不受特殊应用的限制，那么现代数学就很难诞生。数学在很大程度上要感激几何学。此外，研究的自由和不受限渗透到了科学的其他分支，特别是物理学。其最重要的领头人之一爱因斯坦，承认他对继承纯数学中的公理化传统负有责任。

3.5.3 对分析学的影响[1]

当然，没有几何学也可以发展分析学。但似乎普遍认可，对于分析学的新手

---

① 不熟悉微积分等基本分析形式的读者可以忽略 3.5.3 节，这不会影响内容的连续性。

来说，函数和导数的几何表示、复数的阿尔冈图[①]等等对它们的理解有很大的帮助。在这些概念的演变过程中也是如此，今天的经典分析学的早期发展历史表明，分析学家依赖几何概念作为一种创造性和说明性的工具。事实上，一些早期的分析与希腊代数几何的状态相似，都因几何表示而拥有重要的地位。

在柯西及其继任者之前的几个世纪里，曲线和切线的几何概念主导了微积分的发展。作为面积极限的积分概念以及作为曲线切线的斜率的导数概念，在现在的微积分教学中依然有用。诚然，微积分还没有一个足够严谨的基础可以满足认真负责的数学家，直到基于实数连续统概念的纯算术处理被赞成、几何的包装被抛弃，这是19世纪晚期数学家魏尔斯特拉斯、戴德金和其他人发展起来的。但从演变的角度来看，几何对微积分发展的贡献是根本性的。人们不能说几何是必要的，因为从数概念到微积分可以有其他不同的路径。但关键是后者没有发生，就像人类演变过程中被绕过的早期生命形式一样。很可能几何概念对于分析的自然演变是必要的（许多现代演变论学者似乎都同意这种说法）。强烈建议读者阅读博耶1949年的著作，其中有关于该演变的具有启迪性和权威性的历史，描述了算术和几何之间的斗争。

然而，对分析和代数的贡献更大的是目前正在发展的、突破了几何禁锢的几何类型——拓扑学。它本身能够被视为几何对数学的贡献之一，因此它在其他领域的应用可以适当地被看作几何对数学的贡献。

3.5.4 标签和思维模式

在这一点上，我们不妨回顾这一章开头引用的维布伦和怀特海的话，即“几何中任何客观的定义都可能涉及整个数学”。从某种意义上讲，这很大程度上是言语表达的问题。词语不可避免地带有它们传统的内涵，当一个人说到“线性连续”时，他可能指的是欧几里得几何线，当说到线上的“点”时，他可能指的是“实数”。在前一种情况，人们可能会想到解析几何的“x 轴”；在后一种情况，人们可能考虑到从自然数开始建立起来的实数连续统结构。然而，优先考虑哪一种情况只是个

① 挪威测量员卡斯帕尔·韦塞尔(C. Wessel，1745—1818)在阿尔冈之前就发明了所谓的阿尔冈图，但由于他的作品发表在一本数学家不常阅读的期刊上，所以没有得到认可(参阅Bell，1945，P. 177)。此外，韦塞尔用丹麦语写作，因此他的读者非常有限。

人品味问题。

数学中某些部分被标记为“几何”，如欧几里得几何、代数几何、微分几何，正如某些部分被标记为“分析”和其他部分被标记为‘代数’。但这些标签似乎又只是文字和约定(conventions)。作者回想起一名在高级研究所学习的学生的来信，当时现代代数正在吸收某些从拓扑学演变而来的群论内容，他说：“当我在数学讨论中听到“代数”一词时，我发现使用者通常是拓扑学家；当我听到‘上同调(cohomology)’这种拓扑学术语时，我通常会发现使用者是代数学家。”

虽然在合适的情况下使用标签是非常方便且有用的，但是不应该让它们隐藏了潜在的事实。事实上，我们很难想象出一种现代数学，不涉及任何几何或者从几何中衍生出来的东西。将迪恩斯“数学不涉及几何”的陈述解释为他不喜欢使用几何术语以及不喜欢以几何模式进行思考，似乎更为恰当。我们给予这样的区别：一些人是视觉上的，而另一些人则不会进行深入的观察。也许迪恩斯并非视觉型的人，所以几何图案对他来说鲜有价值。而维布伦和怀特海两人对几何及其衍生物(如拓扑)做出了显著的贡献，他们都是视觉型人物。作者一直有一种感觉，他所熟悉的代数学家可以分为两组：视觉思考者和非视觉思考者。他自身作为一个“视觉思考者”，认为“视觉思考者”似乎能更容易地理解概念，因为他们以一种潜在的几何模式去揭示概念。幸运的是，现代数学可以同时运用这两种模式。我们可以推测，一个公元前300年的非视觉思维的希腊人，即便他有能力成为一个相当好的代数专家，但他永远不会意识到他的潜力，因为他所处文化的数学已经深深地陷入了几何思维模式中。

但我们不能得出这样的结论：几何模式占主导地位意味着所有希腊人都是视觉思考者。在没有简单的代数符号可供使用时，几何图形能有力地象征代数关系，如和、幂、平方根等，由此这些几何图形被开发出来。要说希腊人走了一个“错误的弯路”，那就是他们除了使用在自己的文化中占主导地位的符号工具之外，对自身无法使用其他符号工具的事实视而不见。可以肯定的是，他们本可以使用巴比伦数系，但确实在某种程度上，巴比伦人没有将任何代数符号留给希腊人。因而希腊人使用了他们自己的、繁琐的数系，并使用几何符号来表示代数运算，即所谓的几何代数。他们没有别的办法来改变这一状况，他们的继承者也没有，直到以韦达的工作为开端的最后一次关于代数和分析的符号的演变(见 Struik，1948a，PP. 115—118)。

关于这个论点不应花费太多力气。也许已经足够指明几何和几何思维模式在整个数学中的渗透。这对数学，尤其是对数字演变的影响并非微不足道。事实上，很难想象如果没有几何数学会是什么样子。它在符号上、概念上以及心理上对数学的发展做出了贡献。此外，希腊几何也绝不是数学演变史上一个错误的弯路，而是一种自然的发展。它是由当时存在的文化元素发展而来的，而且很有必要，就像灵长类动物于人类的进化一样。

4　实数和对无限的征服

由于几何思维模式在后期希腊数学中占据主导地位，并且这些思想被重新引进中世纪的欧洲，由此中世纪晚期和文艺复兴时期的数学都是沿着几何主线发展的，既有概念上的，也有大部分符号上的。然而，随着物理理论的同步发展（当时数学家和物理学家很可能是同一个人），在理论分析上如此有用的几何模式将被等效的数字模式所取代，这是不可避免的。希腊人如此巧妙地通过以量代数的方式处理的不可通约问题，现在不得不重新面对了。若数只应用于测量方面，那么"量"就足以应付了。但是当相同类型的数开始要求在物理问题上得到承认，并且这些物理问题与线性测量无关时，建立一种新的数论就变得十分必要了。我们今天所说的实数——可用（无限）小数来表示，仍然被直观地构想成以某种方式同线性量相对应。但这只是一种直觉，并非一个定义明确的概念，不管是欧几里得直线还是表示有限区间长度的小数全体，都没有被很好地定义。事实上，微积分的基础并不牢固，这是一个众所周知的缺陷，甚至非科学知识分子也意识到了这一点（贝克莱主教对数学家的挑刺就是一个典型的例子，见 Struik，1948a，P. 178）。因而需要扩展数概念，并以它的特征来构成一个新的集合。在这里，遗传和环境的文化张力都在起作用。

在数学演变的过程中，这些早期的分析学家不得不面对两个困难的问题：数学的性质，特别是数学中无限的性质。与希腊人面临的不可通约量带来的危机并无二致，并且他们也无法对芝诺悖论给出令人满意的解释。毫无疑问，就数的性质而言，"毕达哥拉斯"学派神秘思想的文化残余以及各种占星邪教存活下来，赋予了数一种它不曾具有的绝对性质。对数的概念做出一个有用且明确的定义，就像欧多克索斯对量的定义那样，这还尚未实现。对此，人们试图"寻找、发现"定义而不是"创造"定义。但是当人们在寻求一个概念的性质时，它的不确定性恰恰说明了它并不存在。直到 19 世纪，才终于在数学界有了一种认识——必须首先对分析基础所需要的数全体给出定义。简而言之，给当时只是直观构思的概念以一个更加精确的描述。

潜伏在这背后的是给予无限一个精确描述的必要性。一旦实数的概念被接受，就必须承认实数全体是微积分的基础。而且，正如我们将要看到的，这个全体被证实比自然数全体具有更高阶的无限特征。也许有人会说，迄今为止，数学家只遇到过有限，但终于，他不得不面临从有限到无限的巨大飞跃。

为了阐明这些概念，即将描述一种方法，利用这种方法，从有限小数开始讨论，进而得到实数全体的概念。为简单起见，我们将采取一个“天真”的方法：从在事后将会明确的意义上，先假设每一个有限小数都是一个“数”的符号。此外，人们应该暂时忽略符号和符号所象征的事物之间的区别。这种方法除了即将得到实数概念之外，还额外提供了一种范例，即从某个已知的符号工具（这里是有限小数）开始，扩展它得到一个范围更广的符号工具，而这个符号的概念化在随后才发生。当然，这个过程在数的演变过程中反复发生，例如 0、$\sqrt{-1}$ 等的概念化，都比作为符号工具的 0、$\sqrt{-1}$ 的引入要晚些。

4.1 实数

人们可能会认为，随着小数点的引入和位值系统在有限小数中的扩展，用于计数和测量的数系的演变已经完整了。但是考虑$\frac{1}{3}$这个分数，它是否与某个小数相对应呢？任何懂得简单除法的人都知道，当用 1 除以 3 时，不会产生$\frac{1}{3}$的精确符号，而是一系列的近似：

$$0.3, 0.33, 0.333, 0.333\,3, \cdots$$

因此，人们得出结论，有限小数只能表示某些分数的近似值。

但是，如果注意到这些近似值总是一些数字重复的小数，就可以避免这种问题，并实现精确的符号化。分数$\frac{1}{3}$产生一个小数，其重复由 3 的无休止序列组成。另一个更有启发性的例子是$\frac{5}{7}$，它产生一个小数，其中数字 7、1、4、2、8 和 5 依次无休止地重复出现：

(1) $$0.714285\,714285\,714285\,714285\cdots$$

现在，引入一个简单的符号来表示这个无穷无尽的数组，具体操作是在重复

的数字上加上点。因此

$$0.\dot{7}\dot{1}\dot{4}\dot{2}\dot{8}\dot{5} \tag{2}$$

被用来表示由 714285 组成的无休止循环序列。因此,(1)和(2)都是$\frac{5}{7}$的符号,(2)在使用时是精确的,而(1)中的点仅表示必须提供更多数字,但不能保证它是重复的。(例如,也用 1.414…表示$\sqrt{2}$,但在这里,点不表示重复)同样,符号$0.\dot{3}$给出了$\frac{1}{3}$的精确的符号。

当然,并非所有的小数部分都会循环。例如,分数$\frac{3123}{1400}$产生的 $0.230\,\dot{7}\dot{1}\dot{4}\dot{2}\dot{8}\dot{5}$,其中只有数字 714285 循环。人们可以很容易证明,每个分数均可以通过这种方式进行符号化,因为根据除法法则,当除法不“均匀”时,最终会导致数字的循环。仅需考虑分数$\frac{p}{q}$,其中 p 和 q 表示自然数,且 $p<q$。如果 $p>q$,p 除以 q 的步骤中会产生一个整数商和一个小于 q 的余数。如$\frac{123}{5}$,商 24 余 3,因此我们写成 $\frac{123}{5}=24\frac{3}{5}$。在这种情况下,只需考虑分数$\frac{3}{5}$,即 0.6,然后给出$\frac{123}{5}=23.6$ 即可。

现在,假设 $p<q$ 且除法不“均匀”,此时部分余数(partial remainers)将不可避免出现重复。原因是每个步骤所产生的部分余数最多有 q 个选择。例如,在用 3 除以 11 时,

```
      0 . 2 7
11 ) 3 . 0 0
     2   2
     -------
         8 0
         7 7
         ---
           3
```

我们得到部分余数 8 和 3,由于我们是从被除数 3 开始的,所以循环出现了。当除以 11 时(并且假设这个除法不能除尽),可能的部分余数是 1 到 10 之间的整数,因此在至多 11 个步骤中必然会出现重复。

反过来,每个循环小数都可以用分数$\frac{p}{q}$(其中 p 和 q 是整数)的形式来表示。例如,考虑 $0.\dot{3}(=0.333\,3\cdots)$,我们已知这是$\frac{1}{3}$的结果,但是假设我们不知道这个

结果，我们该如何找到它所代表的特定分数呢？让我们建立以下图解：

令 $N = 0.\dot{3}(= 0.333\cdots)$ Line1

则 $10N = 3.\dot{3}(= 3.333\cdots)$ Line2

$10N - N = 3$ （Line2 减去 Line1）

即 $9N = 3$，因而 $N = \frac{1}{3}$。

任何循环小数用类似的方法进行操作（虽然乘数不会总是 10），都可得到一个分数$\frac{p}{q}$；反过来，用 p 除以 q（通过除法法则），即可得到最初的循环小数。

一个“挑剔的读者”可能会对上述陈述抱有异议。例如，考虑符号 $3.23\dot{9}$，使用刚才所描述的方法（以 100 作为乘数），图解如下：

令 $N = 3.23\dot{9}(= 3.239\,99\cdots)$ Line1

则 $100N = 323.\dot{9}(= 323.999\cdots)$ Line2

$100N - N = 320.76$ （Line2 减去 Line1）

即 $90N = 320.76$，因而 $N = \frac{320.76}{99} = \frac{32\,076}{9\,900}$（分子分母同时乘以 100）。

但是用 32 076 除以 9 900，得到 3.24，不是 $3.23\dot{9}$！这里出现了什么“错误”？其实，什么错误都没有。如果一个小数以 $\dot{9}$ 结尾，那么经过上述过程总是会得到一个有限小数。因此，人们不得不把这两个符号视为代表相同数字的符号。每一个非零有限小数都可以用一个以 $\dot{9}$ 结尾的符号来表示，人们需要做的就是把非零有限小数的最后一个数字变成比它小 1 的数字，然后在后面添上 $\dot{9}$，如 3.24 就表示成（如上所示）$3.23\dot{9}$，46.271 表示成 $46.270\dot{9}$。对于整数本身，规则同样适用：3 表示成 $2.\dot{9}$，1 表示成 $0.\dot{9}$（读者如果不熟悉这一规则，可以借鉴上面的图解进行检验）。因此，每一个循环小数最终都可以得到一个整数或一个分数，并且正如上面所示，每一个整数或分数都有一个循环小数。

现在我们可以用“分数”（“整数”也可用分数表示，例如 3 为$\frac{3}{1}$）和循环小数来表示同一个数了。更确切地说，如果 p 和 q 是整数，那么$\frac{p}{q}$最终会得到一个整数或一个分数，他们最终都可以写成循环小数的形式。而这个小数（如上所示）可以

“返回”分数$\frac{p}{q}$的形式，即任何循环小数都可以写成分数$\frac{p}{q}$的形式。如果用p除以q(通过除法法则)，就可获得原来的小数。如第 3 章 3.3.1a 节所述，这类数的术语为“有理数”。任何可以表示为两个整数的商的数，也就是形如$\frac{p}{q}$(p和q是整数)的数称为有理数。基于上面的讨论，有理数的另一种定义是，“零或任何可以表示为循环小数的数”。这些数有一个重要特征——我们能够“看到”；从概念上讲，能够看到它们“通向无限”的完整的小数符号。

4.1.1　无理数与无限

通过上述方式，得到了“测量”或“实数”的一个类别，即有理数。这些就是所有的数吗？也就是说，每个实数都是有理数吗？考虑$\sqrt{2}$，如果我们运用法则求其平方根，会得到一个小数 1.414…，在这种情况下，无论计算多长时间，都不会产生循环。如上所述，循环小数只来自有理数，并且很容易证明$\sqrt{2}$不是一个有理数。[①]这意味着没有完整的小数符号可以作为它的表示，除非我们接受无限小数(不循环)这一概念。$\sqrt{2}$并不是唯一的无限不循环小数，还有无数多的非理性的数，或无理数(这是它们的专门名称)。就小数而言，若数不接受无限的概念，就意味着，我们必须接受用小数的近似值来表示无理数，或者放弃使用小数来表示无理数的想法。

这是我们第一次在讨论数的演变过程中遇到“无限问题”。一位著名数学家——已故的赫尔曼·韦尔，将数学称为“无限的科学”(1949, p. 66)。我们即将看到其原因。让我们暂时回到原始的计数过程。记得最早的计算过程包含以下体系或它的等价体系：“一，很多”；“一，二，很多”；“一，二，三，很多”等等。随着合适的符号的发展，如巴比伦的位值系统，“很多”或其等价物变得不必要了，因为无论多大的自然数，位值系统都能够给它分配一个独一无二的符号。但巴比伦人，或者印度人、阿拉伯人，以及其他十进制位值系统的拥有者，有没有得到数的无限

---

① 如果$\sqrt{2}$是一个有理数，那么它可由一个分数$\frac{p}{q}$表示，其中p和q没有公因子。然后有$\frac{p^2}{q^2}=2$。这意味着$p^2=2q^2$，则p^2是一个偶数。然而如果p^2是偶数，那么p也是偶数，则p^2含有因子 4——这意味着$2q^2$也含有因子 4(因为$p^2=2q^2$)。所以q是偶数。因此，p和q都是偶数，这与p和q没有公因子的事实矛盾。

总体的概念呢？随着作为名词意义的数概念的演变，有没有构想出表示无限总体的概念呢？

显然，19 世纪晚期的大多数数学家前辈要么没有将自然数视为无限的，要么就是拒绝它（文化抵制）。一个值得注意的特例是伽利略（1564—1642 年），他在 1638 年发表的一篇作品中，①似乎不仅将自然数称为一个无限的集合，而且还再次提出了我们早先在计数中提到过的一一对应的原始思想。例如，他观察到数的平方与数本身的数量是“相等的”，也就是说，对每一个自然数 n，都对应一个 n^2，因此用尽所有的自然数可以“计数”所有的平方数 1，4，9，16…。因而，除非承认数是一个完整的无限总体，否则这是没有意义的。如果不这么做，就会耗尽分配给自然数的平方数，因为平方数的增长速度比数本身要快得多。正如我们将看到的，同样的想法构成了康托尔创造“超限”数的基础，而这已是 250 年后的事了。贝尔观察到（1945，p. 272）：“很奇怪的是，伽利略有理有据的攻击如此明显……却没有加快追求无限的速度。早期希腊人对巴比伦代数的不重视，恰恰证实了数学并不总是沿着最直接的道路走下去。”②然而，对这种情况更准确的描述是，遗传和环境张力还不足以迫使人们进行这种研究，直到 19 世纪实函数理论和相关问题的出现，才迫使人们对各种类型的无限集进行研究。伟大的莱布尼兹（1646—1716 年）——历史上它是伽利略的紧密追随者，虽然也意识到类似的对应关系（自然数及其 2 倍之间存在一一对应），但却由此得出结论：“所有自然数的数量暗含着一个矛盾。”③甚至同样伟大的高斯也坚称“无限只是一种说话方式而已”（Bell，1937，P. 556）。

这就引出了数学存在（mathematical existence）的问题。数学中哪些概念是允许的？是否有什么限制？由于数和几何起源于物理现实世界，哲学家和数学家一再试图借助物理实在来证明数学概念的“实在”。因此，有人可能会争辩说，就一个“巨大”的数而言，例如 $10^{10^{10^{10}}}$，除非在物理宇宙中找到包含该元素的集合，否则它就不是“真实”存在的。同样，成千上万的篇幅已致力于讨论欧几里得几何是否“真实”的问题，尤其是欧几里得直线是否能如实地表示“时间连续体”？

---

① 《围绕两门新科学的演讲和数学证明》，列伊达（Leida），1638 年，第 32—37 页（参考书目来自 Bell，1945，P. 600）。

② 引自贝尔，1945 年版权所有的《数学的发展》。经麦格劳-希尔出版公司许可使用。

③ 引自 Bell，1945，P. 273。这里贝尔给出的参考书目是《哲学著作》（由格哈特编辑），第一卷，第 338 页。

数学概念的有效性是否可以通过与某些物理实在之间的联系进行判断？如果要保证这一点，将会建立起一个无法实施的标准，因为将会出现太多的情况，人们无法确定它们的有效性。例如，π 是一个允许的数吗？的确，它代表了一个圆的周长与直径的比，但在自然界中可以找到一个圆吗？没有一个实际的物理上的"圆"是数学意义上的圆。此外，像 $\sqrt{-1}$ 这种"数"，它长期以来被数学界拒绝，但最终迫于遗传张力的压力而被承认，并成为现代科学（如物理学）的分析方法中不可或缺的一部分。到最后，像往常一样，关于"存在"这类问题必须由数学的需求来决定。如果对于一个概念的需求被证明是足够强烈的，那么这个概念将被承认具有数学有效性。遗传张力迫使其被接受。

尤其，无限总体这一概念是具有遗传性质的文化张力导致的结果。① 纯粹是数学概念（特别是那些与费马、笛卡尔、牛顿、莱布尼茨、柯西等人在解析几何和微积分方面的研究有关的分析的概念），尤其是与实数有关的概念，迫使我们对现在正在讨论的问题作出解决。基于自然数概念的"有限"数学，只设想某些初始数 1、2、3 等，并给出一个人们可以生成他想要的数的规则（加 1），以及一个小数的概念，允许尽可能逼近一个给定的无理数的近似值。或许，对于只演变到应用这些数就能满足科学目的的文化来说，这可能已经足够了。而微积分中所呈现的理论，尤其是关于实分析的理论，它们很大程度上是力学、物理学等学科施加的环境张力的产物，最终产生了进一步发展"无限"数学的遗传张力。

物理世界中是否"存在"无限总体并不重要。重要的是，这些概念是否能够促进富有成效的数学发展。答案是肯定的，因此它们被发明了。莱布尼茨和牛顿关于微积分的研究不可避免地引发了"无穷小"、"趋于零"等其他模糊的概念问题，只能通过引入完整的实数总体的概念来解决。这些实数构成微积分和所有实分析的基础。只要这些思想仍然是模糊的，它们就会成为哲学批判的合理对象。但是，就数学而言更重要的是，模糊可能（也确实）导致荒谬。不仅仅是哲学和物理性质的外部压力，更是数学内部的遗传张力，推动了实数系的"基础"的形成。只要一个数学分支，在一定的意义上，提供了一个令人满意的应用于自然科学的工

---

① 这里需要重申的是，尽管环境张力与无限的概念之间有一条直接的连线，但后者的直接压力主要是遗传张力。例如，傅里叶对热学理论的研究衍生出了三角级数，其反过来有助于触发康托尔对无限集合的研究。

具，且提供了一个美学上令人满意的结构，并给具有创造性思维的数学家留有发展空间，那么它就会被希望沿着阻力最小的道路发展，最好是单独留下来。达朗贝尔的建议，即“勇往直前，信念会向你走来”(Struik，1948，P. 220)，很好地表达了当时的普遍态度。人们总是可以忽略“非专业人士”(“无鉴赏力”人士)的批评，原因是认为他们不能够理解。但是，当最终数学结构本身出现崩溃的迹象时(由于矛盾的出现、未能为进一步的理论建构提供足够的基础等情况)，“危机”就产生了，数学家被迫思考，此时遗传张力就变得引人注目，而这正是 19 世纪发生的事情。这里出现了一种与希腊人所面临的情况非常相似的局面，只是现在的解决方案不是几何。几何中关于“量”的理论不能作为新危机的解决方案，而且它也不得不在概念和符号上进行修正，以证明其适用性。

在柯西的最初工作之后，戴德金、魏尔斯特拉斯、康托尔和其他人的工作都集中于提供一个严谨的实数论。他们的工作涉及一个无限的实数总体的假设，并且运用了各种方法，如有理数的“戴德金分割”，以及某些有理数序列的等价类(“柯西序列”)等等。由于这些问题的技术性很强，在此我们不进行深入的讨论。反而，我们将给出一个实数系的草图，阐明它是如何从我们已经说过的小数中自然而然地发展起来的。

4.1.2 实数的无限小数符号

让我们承认无限小数的概念，并考虑无限小数的一般形式

(1) $$a_1a_2\cdots a_k.\, d_1d_2\cdots d_n\cdots$$

其中 $a_1a_2\cdots a_k$ 是“整数”部分，$.\, d_1d_2\cdots d_n\cdots$是“小数”部分。例如，$247\frac{1}{3}$ 这个数有 $a_1=2$，$a_2=4$ 和 $a_3=7$(这里 $k=3$)，并且不仅 d_1、d_2 是3，而且每一个 d_n 都是3。这个数是有理数，因为对于每一个自然数 n，我们可以确切知道 d_n 是什么。当然，类似的说法对于每一个有理数都成立，因为它最终是某些 d_n 数组的循环。但是，对于无理数而言并非如此，因为对于像$\sqrt{2}$ 这样的数，我们不知道 $d_{1\,000\,000}$ 是什么。没错，如果我们非常想知道这个数，我们可以设计一台计算机来计算它。但我们所能做到的仅是获得$\sqrt{2}$ 的有限近似值，承认无限小数符号$\sqrt{2}$ 并不意味着我们能够从这个符号的书面形式看到所有的数字 —— 这当然是不可能的。也就是说，就目前的符号建构而言，我们与“无限” 之前的数学家处于相同的位置。但是这并不妨碍我们思考无理数

的无限小数概念，如果这个概念能够带来富有成效的数学理论的话。

然而，在继续之前，应该再次关注我们在讨论循环小数时观察到的小数符号的不唯一性。考虑数$\frac{1}{2}$，它用小数形式表示可以是

(2)　　$0.500\,00\cdots$

或者

(3)　　$4.\dot{9}$

使用多于一个符号来表示一个数并没有什么新奇之处（我们通常都是这样做的，例如符号$\frac{1}{2}$和0.5）。除0外，每个“有限”小数[①]都有不唯一的小数表示形式。在理论研究中，当要使用小数形式表示数时，数学家通常约定以“无限”的形式表示所有的实数（除了零）（即例如，1表示为$0.\dot{9}$），由此来避免这种不唯一性。

但在何种意义上，(1)形式的小数可以被认为代表一个数？不考虑自然数1、2、3等特殊情况，直接将注意力集中于“小数”，如0.5代表什么意思？回答说这句话想表达的是$\frac{1}{2}$并非是一个真正的解释，只是对问题的回避。如果被迫要给出一个解释，人们可能会回答$\frac{1}{2}$表示“某个东西的一半”，在这种情况下，人们又回到了作为“测量数”的分数的概念。

4.1.3　作为“量”的实数

如果把分数设想成“测量数”，使人们对“测量数”有一个直观的概念，这未尝不可。当然，这样做本质上又回到了希腊的“量”的概念。这是一个非常有用的概念，不仅对希腊人如此，而且也适用于早期的分析学家，他们在引入解析几何之后，将数想象成一条直线。另外，对于从未接触过无限小数的读者来说，在尝试理解现代观点之前，[②]先接触这个概念是明智的。那么，让我们来看看如何将(1)解

---

① 如果一个小数是有限的，那么在其完整的（无限）小数符号表示中，从某处开始，对所有大于它的n，d_n全是0，通常0省略不写。例如2.645，表示2和$\frac{645}{1000}$。

② 参阅布尔巴基(N. Bourbaki, 1960, P. 160)：在16世纪，通过回顾希腊时期用线的长度来表示数概念，邦贝利实际上得到了实数的完备算术的几何定义。

释为一个测量数。对于像$\sqrt{2}$这样的数，我们可以回到它是单位正方形对角线的度量。但是像(1)这样一般的、没有现成含义的无限小数呢？

假设人们熟悉如何使用度量单位，测量出给定的自然数个单位长度的量，例如 5 个单位。由此我们可以专注解释释"纯"小数部分：

(4) $$0.d_1d_2\cdots d_n\cdots$$

为了得到一条长度为(1)的线(见 79 页)，首先测量 $a_1a_2\cdots a_k$ 个单位，然后按照即将被定义的(4)的"长度"将其延长。这里必须强调的是，"测量"纯粹是一种概念性行为，因为不存在能够完美地测量给定数量单位的测量仪器。

如图 4-1 所示，让我们考虑单位长度为 S 的线段，将其一端标记为 0，另一端标记为 1。如果我们把标 0 和标 1 的两端分别称为左端和右端，那么我们可以安全地使用"左"和"右"这两个词。现在将 S 分成 10 等份，依次标记分割点为 0.1，0.2，…，0.9：

S_1
0
0.1
0.2
0.3
0.4
0.5
0.6
0.7
0.8
0.9
1

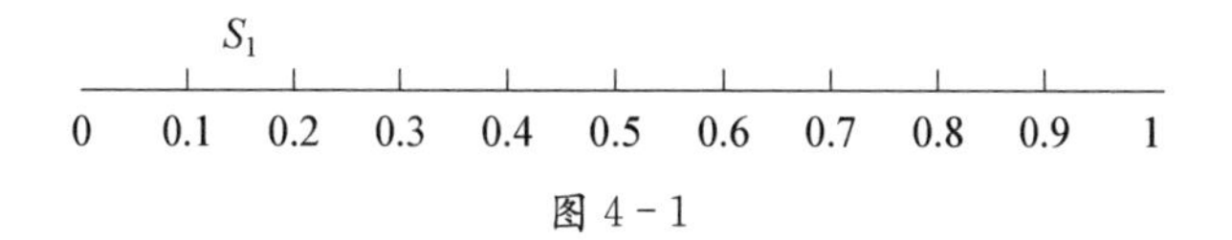

图 4-1

让我们考虑一个特定的数字，比如 π 的小数部分：

(5) $$0.141\,59\cdots$$

根据(5)中的第一位小数是 0.1 这一事实，我们首先在 S 上选择从 0.1 到 0.2 的区间并标记为 S_1。

接下来，如图 4-2 所示，我们将区间 S_1 划分为 10 个等份，分别标记分割点为 0.11，0.12，…，0.19：

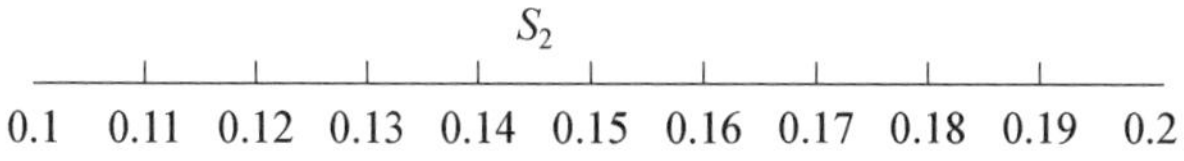

S_2
0.1
0.11
0.12
0.13
0.14
0.15
0.16
0.17
0.18
0.19
0.2

图 4-2

根据(5)的前两位数是 0.14 这一事实，我们选择从 0.14 到 0.15 的区间，并标记为 S_2。

接下来，我们将 S_2 划分为 10 个等份，标记 0.141，0.142，…，0.149 的点。由于(5)的前 3 位数字是 0.141，我们选择从 0.141 到 0.142 的区间，并标记为 S_3。

理论上，这个过程的延续是很清楚的，任何熟悉数学归纳法定义的人都会知道如何得到一个完整的无限区间序列 S, S_1, S_2, S_3, …, S_n, …,每个区间都包含其后继部分。此外,应该指出的是,数(5)唯一地确定了这个区间序列,任何不同的小数都唯一确定不同的区间序列。

欧几里得直线的一个基本性质是,这样一个区间序列恰恰仅含有一个公共点 P。并且如果把标记为 0 的点称为 A,那么区间 AP 的长度(度量)被认为是(5)所表示的数。更好的方法就是把小数(5)视为希腊人称之为"量"的 AP 的唯一标签(即符号)。很容易逆转上述的过程:即给定 P 点,确认(5)的每个位置的数字。通过将 S 分成 10 等份并定位包含 P 的区间 S_1;然后将 S_1 分成 10 等份,定位包含 P 的区间 S_2——同时为了确定(5),"读下"区间 S_1 左边的标数 0.1 以及区间 S_2 左边的标数 0.14 等等。必须再次强调,不管是在得到区间 AP 还是其反向的过程中,我们并非在物理上给出了这些构造,我们只是定义了相对应的概念。

关于特殊数字(5)的处理过程是很清晰的,没有必要对一般情况(1)再次重复。假设通过上述方式,形如(1)的任意小数的"量"被定义了,那么可以得出结论,实数与欧几里得直线之间存在一一对应关系。假设 L 是这样的直线,对 L 的"右"和"左"两个方向做一个对称的约定:首先选定一个单位,指向 0 的右边为 1 个单位、2 个单位,依此类推,并且从 0 开始,依次标记为 1,2,3…(如图 4-3 所示)。指向 0 的左边的点类似地被标记以相应自然数的相反数。

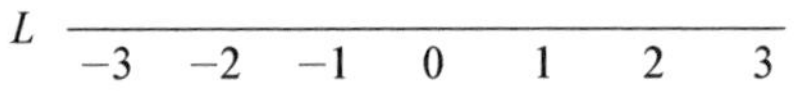

L —— −3　−2　−1　0　1　2　3

图 4-3

考虑形如(1)的任意数 $a_1a_2\cdots a_k.d_1d_2\cdots d_n\cdots$,如果它是正的,即可确定它在 0 的右边,0 到标记为 $a_1a_2\cdots a_k$ 的点之间的区间可用 S 来表示。然后紧贴着 S,点 P 可由小数部分 $.d_1d_2\cdots d_n\cdots$ 经过上面描述的过程确定(当然,对于负数,点 P 在 0 的左边,注意此时对图中 S 的标记应是从右到左而不是从左到右)。由于反向的过程也已经描述,一一对应关系由此建立。正是这种对应关系构成了解析几何的基础。(这个对应关系有时称为康托尔公理)

我们观察到,这种概念提供了希腊人缺乏的对应量的唯一数字符号。如果通过将巴比伦的六十进制位值系统与例如爱奥尼亚数字系统相结合,设计出一个合适的六十进制符号体系,那么希腊人可能已经为自己提供了一个比几何结构更实用的符号工具,毕竟几何结构中的量是有限的。

4.1.4 基于自然数的实数

在第3.5.3节中已经提到在19世纪之前的几个世纪里数学家对几何和几何直觉是很依赖的。但是,几何直观不仅被证明是一种不可靠的指导,[①]而且它似乎也无法解决微分的基础、函数的连续性等基本问题。这并不是说,如果通过准确的处理,几何无法提供解决方案,[②]只是,数学分析的方向明确地提出了对实数系的"算术"的需求。19世纪的分析学家们,如魏尔斯特拉斯、戴德金和康托尔就是进行了这些研究。实数系的"算术"是基于自然数及自然数的算法(加法、乘法等),与几何无关。

基于自然数,给出有理数及其算法的定义并不难。这里不提供详细信息,只提及它可以由有序数对(p, q)来完成,其中p和q是自然数(例如Wilder,1965, Chapter Ⅵ, Section 3.2)。假设通过这种方式定义了有理数及其算法,我们即可用几种不同的方式来定义"实数"。接下来,只讨论"纯"小数部分,将一个实数定义为以下类型的有理数序列:

(6) $$.d_1,\ .d_1d_2,\ .d_1d_2d_3,\ \cdots,\ .d_1d_2\cdots d_n,\ \cdots$$

其中,每一项都与其后继项不同,后一项是通过在前一项的小数中增加了一个新数字获得的,并且每个数字都与(1)中所示实数的小数部分对应。但是,有人可能会问:(6)相比(1)的好处在哪里?答案是构成(6)的元素是我们熟知的有理数,而(1)是先验数(a priori),是没有意义的。当然,得到一个完整的理论(包括加法、乘法运算等),还必须定义形如(6)的数的加法和乘法等,以及确定实数中小于的含义——虽然在先前使用"量"这一术语时,这是一个显而易见的概念。

人们可能仍然倾向,把4.1.3节所述的实数与欧几里得直线上点的一一对应关系作为基础,将作为测量数(即量)的实数概念化。就目前的目的而言,这已经足够了,甚至可能超出了。但如果我们继续定义实数的算法,情况就不一样了。理论上,我们可以更令人满意地完成它。实际上,我们说的是用有理数来定义实

---

① 可以肯定的是,这不是几何的错误,只是缺乏从现在称为点集理论的观点对直线进行严谨的分析。

② 回顾邦贝利的说明(第80页脚注②)。然而,这种解决办法在符号上无疑是不会令人满意的。

数的可行性，即相当于用自然数来定义实数的可行性，这对数学来说非常重要。它使人们能够基于实数系而非几何直观来进行分析。

尽管如此，工作中的数学家实际上同时使用着这两种概念——作为量的实数和作为算术的实数[例如，形如(6)的序列]。他发现，通过对欧几里得直线上点的集合的研究，不仅懂得如何令人满意地概念化许多分析概念(例如积分)的方式，还懂得如何避免未经分析方法处理的欧几里得直线可能导致的错误。[①] 这导致了实数概念中实线的结构(即它的拓扑结构)与实线的算术和代数性质的分离。在前者中，实数实质上被视为几何的抽象概念；在后者中，它被视为基于自然数(通过有理数)的算术的抽象概念。然而，通过用作为算术的实数来标记直线上点的做法("康托尔公理")，这两个概念被进行此研究的数学家有效地结合在一起了。"线性连续统(linear continuum)"这个术语通常表示欧几里得直线，而"实数连续统(real number continuum)"这个术语则表示实数(不考虑运算)。正如我们上面讨论的，它们在概念上是等价的。

4.2　实数类型

第 4.4.1 节给出的论证是为了克服无限类概念如自然数或无限小数概念的文化抵制，这一点很容易被理解。19 世纪分析需求的不仅仅是单个实数的概念，而更重要的是实数中无限类的概念，或说集合(其常用同义词)的概念。特别地，所有实数集合的概念——或者等价地说，欧几里得直线上所有点的集合，它们所构成的无限集合的概念，是比自然数集合更高阶的抽象概念。如果人们认为像自然数那样完整的无限总体的概念是相当可怕的，那么他可能得准备把自己的敬畏之心放得更大些以面对"更高维度"的数。因为实数实在是太多了，即使用上完整的自然数总体，也不可能将所有的实数进行"标记"。

为了明确最后一句话的含义，我们再次考虑初级的计数过程。例如，在计算包含 6 个对象的集合时，计数的人通常会(在字面上或主观上)对每个对象发出一个适当的数词(自然数)。就英语的数词而言，他会指向一个对象，说"one"，然后到另一个对象，并说"two"，依此类推，直到他指过每一个对象并最后说"six"。在

---

① 这样的研究不仅产生了现代的点集理论，而且开创了现代的点集拓扑。

这个的过程中,他给每个对象贴上了(自然)数的标签,注意:(1)不要多次标记一个对象;(2)要给每个对象进行标记。用数学的专门术语来说,他建立了一个对象与自然数"one"到"six"之间的一一对应。

既然现在已经接受了自然数集合的概念,也就是无限总体的概念,那么对于任何给定的无限集合(比如实数集合),不管里面的对象——其专业名词是"元素"——是否能够用自然数1、2、3等来进行标记,它都是合理的。当然,人们不会问,这种标记是通过身体行为还是连续不断的心理行为("指向")来完成的。尽管在包含6个元素的集合里可以这么做,但在无限集合中显然不可能。因此,最好的方法是看其中是否存在一种一一对应关系。这里的"存在"指在任何意义下,只要给定某一个法则,即可自动建立起一个一一对应,就像伽利略对自然数的平方所做的那样(通过法则将 n^2 与每个自然数 n 对应起来)。或者,再一次问:将数学的理论建立在对应关系的基础上合理吗?因为有无数的自然数,所以答案可能是肯定的。

假设自然数和实数之间存在这样的对应关系。一个方便的表示方法是,对每个实数 r 分配一个"标签",即一个自然数 n,那么被标记的实数 r 可以用符号 r_n 表示。然后就构成一个表示实数的符号序列 $r_1, r_2, \cdots, r_n, \cdots$;每一个实数都由这个符号序列 $r_1, r_2, \cdots, r_n, \cdots$ 中的某个 r_n 表示。

每个实数需要一个唯一的小数表示形式,因此在下文中,约定用"无限"小数形式来表示每个实数,例如用 $0.4\dot{9}$ 而不是 0.5 来表示 $\frac{1}{2}$(0 表示成 $0.000\cdots$)。我们只考虑每个这样的符号的小数部分,那么假设数 r_n 的小数部分为 $.d_1^n d_2^n \cdots d_n^n \cdots$,其中第 n 位的符号用 d_n^n 来表示。d_1^n、d_2^n 等中的指数 n,表示标记实数的自然数 n。容易想到,所有实数的小数部分可以组合成一个数组,如下所示:

$$
\begin{array}{ll}
 & (r_1 \text{ 的小数部分}):\ .d_1^1 d_2^1 \cdots d_3^1 \cdots \\
(7) & (r_2 \text{ 的小数部分}):\ .d_1^2 d_2^2 \cdots d_3^2 \cdots \\
 & \cdots\cdots\cdots\cdots\cdots\cdots\cdots\cdots \\
 & (r_n \text{ 的小数部分}):\ .d_1^n d_2^n \cdots d_3^n \cdots \\
 & \cdots\cdots\cdots\cdots\cdots\cdots\cdots\cdots
\end{array}
$$

此时,每个 d_n^n 都是从数字 $0,1,\cdots,9$ 中取值。下面,对于每个自然数 n,定义

d_n：如果 d_n^n 为 1，则 d_n 为 2；如果 d_n^n 不为 1，那么 d_n 为 1。（因此，如果 r_1 是 $0.4\dot{9}$，d_1 将是 1，因为此时 d_1^1 是 4 而不是 1；如果 r_2 是 $\sqrt{2}$，也就是 0.414…，那么 d_2 是 2，因为此时 d_2^2 是 1）通过这个“规则”定义了一个如下小数：

$$.d_1 d_2 \cdots d_n \cdots \tag{8}$$

它也是某个实数 r 的符号表示，所以必然对应数组(7)中某个 r_k。但是根据上述定义 r 这个实数的规则可知，(8)中的第 k 个数字与 d_k^k（r_k 的第 k 个数字）一定不同，所以 r 和 r_k 不可能代表相同的数。因此若假设实数可以用自然数来标记，构造像(7)这样的数组，即会导致矛盾。

基于前面的分析，只能得出结论，实数不“可数”——即不能用自然数一一标记。（因为假设实数可以被如此标记，按照上述的方法就产生了一个没有被标记的实数 r，这是一个矛盾）

4.2.1　康托尔对角线法

上述用来构造实数 r 的方法通常被称为康托尔对角线法，因为它是由已故的德国数学家格奥尔格·康托尔（1845—1918 年）用来构造实数的，并且它使用的是数组(7)对角线上的元素（数）d_n^n。

应该指出的是，在定义数 r 时，数组(7)的第一行中唯一使用的数字是 d_1^1；同样地，第二行中唯一使用的数字是 d_2^2；以此类推，从数组(7)对角线的左上角开始向“东南”方向行进。也就是，为了定义 r，每个无穷小数中只有一个数字需要被确定。因此，存在更一般的方法[而不是取决于整个数组(7)]，而这种方法被简单地称为“对角线法”。例如，基于集合 C，定义一个新的抽象概念 E 时，E 只由每个类 C_i 中的一个元素定义。这里抽象概念 E 就是上面的数 r，类 C_i 就是数组(7)每一行的数字。这种“对角线法”不是一个新的逻辑原则，仅仅是一个特别的程序，专门用于定义某些东西，如康托对角线法中的数 r，后来人们发现它在其他更一般的情况下也适用。这种现象在数学中一再发生：为了解决某些特殊的问题，引入了一种新的方法，随后这个方法被推广到其他情况以及新的证明方法中。

给出一个对角线法的简单示例，假设要求一个人从 4 种不同面值的硬币集合中选择金额。具体地，假设这些硬币是美国货币，4 个面值分别是“1 美分”、“10 美分”、“25 美分”和“1 美元”。一个选择是“10 美分”，一个选择是“1 美分和 1 美元”，另一个选择是“1 美分、10 美分、1 美元”。每一个都是不同的选择，此外，还有一个选择是空集，里面没有任意面值的硬币。现在，不需要列举特例就可以知道一定有多于 4 种选择，在上述 4 种选择已经明确的前提下，明显还有其他不同的选择。但是，假设一个人被要求给出一种方法，不管前面 4 个选择如何不同，都可以找出一个不同于它们的新选择，又该如何呢？

C_1、C_2、C_3、C_4 表示 4 个选择。为了得到不同于它们的选择 C，我们按照以下方式来处理：每次只考虑一个面值。首先考虑“1 美分”。“1 美分”在 C_1 中吗？如果是，那么不选择它作为 C 的元素；如果不是，那就选择它作为 C 的元素。接下来，考虑“10 美分”，若它在 C_2 中，不要为 C 选择它；若不是，那么为 C 选择它；依此类推。最终 C 与每个给定的选择 C_1、C_2、C_3、C_4 都不同，因为 C 里面至少有一种面值与 C_1、C_2、C_3、C_4 不同。注意到上面选择数 r 的方式也是如此的，由此构造出来的数 r 与数组(7)中每一行的数至少有一位数字不同(对角线上的数字 d_n^n)。

刚才描述的过程构成了一个对角线法，对任何自然数 n 都可以采用类似的方法。更确切地说，给定一个具有 n 个元素的集合 S，如果从 S 中做出 n 个选择，那么可以进一步找出与已知的所有选择不同的选择。也就是说，*一个含有 n 个元素的集合 S，可以得到多于 n 种的不同选择*。这是一个适用于每一个自然数 n 的定理，它的证明过程与上面 4 个元素的证明过程一样。

4.3　超限数和基数

上述斜体字陈述的一个重要特征是它不是针对某个特定的 n 值，而是对于每个可能的 n 值，它都成立。针对某个特定 n 值的证明显然是微不足道的，正是由于普遍性它才变得如此重要。此外，对非有限的集合也可以进行类似的陈述。但是，为了使这样的陈述有意义，必须明确其中的术语，特别是像“多于”这些词(以及 n 的含义)。

回顾一下伽利略的话，注意到他说过“自然数的平方与自然数本身等价”。显然他指的是 1 与 1、2 与 4、3 与 9 等的对应关系，并且一般地，n 与 n^2(每一个自然数与它的平方)构成自然数集合 $\mathbf{\Omega}$ 的元素与它们平方的集合 S 的元素之间的一一对应。对于有限集合，两个集合元素之间的对应关系意味着两个集合元素的数量关系。但是很明显，自然数比它的平方的数量“多”，因为如果从 $\mathbf{\Omega}$ 中删除 S 中的元素，剩下一个无限集合——2，3，5，6，…，即“非平方数”。

对于第一次学习的人来说，一定会感到困惑，甚至会觉得这可能是矛盾的(就像莱布尼茨和其他人一样)。难怪莱布尼茨认为，数学如果要免于矛盾，那么就要抛弃像自然数总体的集合，或任何无限的集合这样的概念。其中的困惑在于如何定义像“多于”这样的术语，特别是如何理解一个无限集合的“数量”。

那些同意伽利略关于无限性质的观点的人，与反对该观点的人之间的分歧，并没有形成一个强大的遗传张力，迫使问题得到解决。直到19世纪的下半叶，对更精确的线性连续概念的需求，才迫使人们将注意力集中在无限的性质上。康托尔的伟大成就不仅在于解决了这个问题，而且在于将次序引入到混乱的无限世界中。他取得的最基本的成就就是展示了如何将(自然)数概念延伸到无限集合的概念。

读者可能已经注意到，在这个研究过程中，还没有给出“自然数”的明确定义。随着数概念在历史上的不断发展，我们所能观察到的是“计数数”概念的演变，以及它扩展到“实数”或“测量数”的过程。“计数数”是由文化张力造成的，“测量数”也是如此。数学分析的需求迫使引入了一种更精确的描述测量数的方法，即“实数”，而以上仅是关于如何利用自然数的知识来定义实数的描述。康托尔定义的“超限”数，可以被认为是“计数数”的进一步演变。到目前为止，我们只提到自然数的演变。

4.3.1 将“计数数”扩展到无限

首先约定：如果两个集合的元素之间存在一一对应，那么它们“具有相同数量”的元素。对于有限集，这与“计数”的直观概念相一致，2.1.2d节在原始计数的木棍或类似工具的使用中提到过。当时人们缺乏可以通过计数过程来比较两个集合的数词符号，如果两个集合相距太远就无法进行直接的比较。因此需要通过一个便捷的第三集合 C，即可移动的物体(例如稻草、卵石或树枝上的刻痕)，将某一集合的元素与第三集合的元素一一对应，然后再将第三集合传送到另一个集合所在的位置，看看是否有可能将另一个集合的元素与该可移动集合 C 的元素建立一一对应关系。①

康托尔的基本思想是，同样的标准——一一对应，可以用于比较无限集。② 下

① 第三集合 C 的使用，涉及数学家所说的传递性原则。集合之间的关系 R 的传递性是指，有3个集合 A、B 和 C，如果 A 和 B 有关系 R，B 和 C 也有关系 R，那么可得 A 和 C 也存在关系 R。读者可以想到许多相关的例子。

② 回想一下贝尔关于伽利略的观察的评论(见4.1.1节)。

面给出一个具有启发性的例子，考虑所有正的有理数的集合，并想象它们的“分数”符号被放置在一个正方形数组中，第一行是所有分子为 1 的分数，第二行是所有分子为 2 的分数，以此类推：

$$\begin{array}{ccccc} \frac{1}{1} & \frac{1}{2} & \frac{1}{3} & \frac{1}{4} & \frac{1}{5}\cdots \\ \frac{2}{1} & \frac{2}{2} & \frac{2}{3} & \frac{2}{4} & \frac{2}{5}\cdots \\ \frac{3}{1} & \frac{3}{2} & \frac{3}{3} & \frac{3}{4} & \frac{3}{5}\cdots \\ \frac{4}{1} & \frac{4}{2} & \frac{4}{3} & \frac{4}{4} & \frac{4}{5}\cdots \end{array}$$

当然，上述数组中会出现同一个数由不同的符号表示的情况。如主对角线上的这些分数都是数 1 的符号。但这不会造成任何困难，并且使用这种类型的数组非常方便，因为在每一个“反向对角线”中，例如，在第三个反向对角线 $\frac{1}{3}\quad\frac{2}{2}\quad\frac{3}{1}$ 中，分子和分母的和是不变的，这里它们的和是常数 4。现在，如果沿着如图 4－4 所示的路径行进，数组的每个符号只会被经过一次。

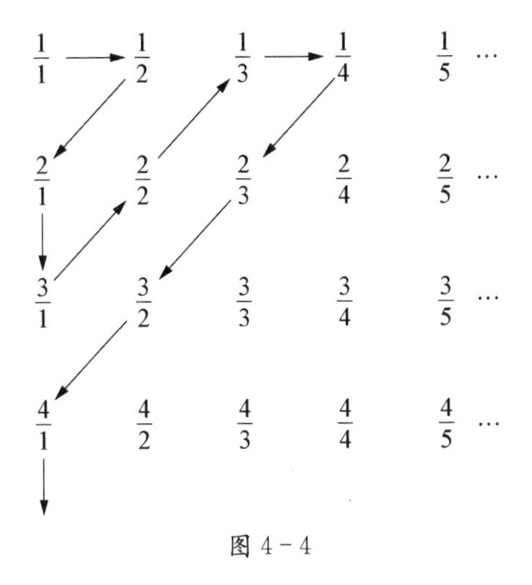

图 4－4

如果沿着上述路径赋予数组中每个符号以一个新的符号 a_n（即令 $\frac{1}{1}$ 为 a_1，$\frac{1}{2}$ 为 a_2，$\frac{2}{1}$ 为 a_3，$\frac{3}{1}$ 为 a_4，$\frac{2}{2}$ 为 a_5，$\frac{1}{3}$ 为 a_6，以此类推），然后数列

$$a_1, a_2, \cdots, a_n, \cdots$$

包含原始数组中每一个符号。此外，如果将表示相同数的符号删除，得到一个新的数列

$$b_1, b_2, \cdots, b_n, \cdots$$

它包含每一个正的有理数的符号，每个正有理数有且仅有一个符号表示。

现在如果构造由符号 b_n 表示的有理数与自然数之间的对应，就定义了正有理数集与自然数集 $\mathbf{\Omega}$ 之间的一一对应关系。[作为练习，读者可以更进一步定义所有的有理数（正有理数、负有理数和零）与自然数之间的对应关系]

如果接受存在一一对应关系为比较集合的"大小"或"数量"的标准，那么如果两个集合的元素之间存在一一对应关系，这两个集合就含有"相同数量的"元素。因此，有理数集 $\mathbf{Q}$ 与自然数集 $\mathbf{\Omega}$ 具有相同数量的元素。这表明集合的"数量"与集合的大小被视为相同的概念。虽然集合的"大小"仅仅是一个直观的概念，但无疑与"数量"的原始含义是一致的。不管对于无限集来说，它是否真正令人满意，但正如在物理现实中遇到的有限集一样，只能通过观察它是否符合直觉的需求来决定。①

进行比较的第一步是给予已知的无限集的数量一个符号（数）。康托尔将自然数集 $\mathbf{\Omega}$ 的"数量"称为 N_0，N_0 叫做阿列夫零（N 是希伯来字母表的首字母）。那么说，如果集合 S 具有 N_0 个元素或集合 S 的数量为 N_0，就意味着集合 S 和自然数之间存在一个一一对应。请注意与有限集的对比，例如包含 6 个元素的集合。

许多无限集的数量为 N_0，但并非全部。正如在 4.2 节中观察到的，实数集 $\mathbf{R}$ 的数量就不是 N_0。如 4.2 节所示，实数不能与自然数建立一一对应。因此，必须给 $\mathbf{R}$ 的大小赋予一个不同的符号——通常使用字母 c（c 是词组"实数连续统"中"连续"一词的首字母）。

N_0 和 c 该如何进行比较呢？一个比另一个"更大"，就像 3 大于 2 那样吗？除非对"大于"的含义有一个一致的认识，否则这样的问题毫无意义。早期的数学家

① 数学家们已经设计出更复杂的方法来定义"数量"，但是这些方法基于集合论的公理系统，而这些公理系统必须被仔细描述，以避免不一致。

从未被迫定义“3 大于 2”的陈述，因为这些陈述是文化演变的产物，被称为“数学产物”，而不是像康托尔那样是有意识发明的。① 但是，如果数概念扩展到“无限”，不仅必须给出基本的术语如“关系”的适当含义，而且还必须使它们能够有效“适用”于在文化中继承下来的有限的情况。每个人都“知道”“3 大于 2”是什么意思，因为人们的直觉能够清晰感知。但当冒险进入无限的新领域时，直觉所起的指导作用可能并非安全。很早就有言论说，自然数集“大于”自然数平方的集合，在这种意义下，**Q**“大于”**Ω**，因为类似地从 **Q** 中删除掉所有的自然数仍剩余无限多的小数。在有限集中，这种情况肯定表明集合之间的大小不相等。但是我们已经构想出了使 **Ω** 和 **Q** 具有相同大小的“数量”N_0，因而不论 **R** 是否有不同的大小，都必须定义一个关于“大于”的新标准。此外，比较两个集合的大小，必须基于一般情况考虑，而不能考虑一个集合被另一个集合包含的特殊情况。

下面给出比较两个有限集的另一种方法。假设 A 和 B 是两个有限集，我们发现 A 的元素和 B 的部分元素之间存在一一对应关系，但反过来不成立，因此，A 的元素肯定比 B 的元素少。在这种意义下，可以解释 3 大于 2：因为 A 具有 2 个元素，B 具有 3 个元素，存在一个 A 的元素与 B 中两个元素之间的一一对应，但反过来不成立（A 中不存在 3 个元素能与 B 的元素构成一一对应）。康托尔发现这个标准同样适用于无限集，或者说，这是一种与上述“数量”的概念“相一致”的标准。例如，将它用于比较 c 和 N_0 的大小，（如预期那样）证明了 c 大于 N_0：因为的确存在 **Ω** 与 **R** 的部分元素之间的一一对应（考虑 **R** 的部分元素为 **Ω** 或 **Q** 均可），如果 **R** 的元素与 **Ω** 的部分元素之间也存在一个一一对应关系，那么很容易得出 **R** 与自然数集之间存在一一对应，但是这显然是不可能的。现在可以看出，当把小数符号扩展到所有实数时，无限小数的概念是不可避免的。由于已经有了有限小数和循环小数（用点符号表示循环，见 4.1 节），这里需要添加符号 N_0，而为了给每个实数分配一个唯一的小数，符号 c 也是必要的。

如果使用我们习惯的符号＜表示“小于”，我们写成 $N_0 < c$，就像书写 2＜3 一样。并且其关系所满足的性质与传统自然数的“＜”关系所满足的性质完全相同。例如，上面提到的“传递性”（如果 m、n 和 r 是自然数，$m<n$ 且 $n<r$，则 $m<r$）对

① 问“街上的人”：“3 大于 2”意味着什么？他可能会回答“它本来就是这样”。更有可能的是，他会表现出一种难以置信的表情，好像一个人问了一个“愚蠢”的问题一样。

于无限集的数量仍保持成立。当然，如果 N_0 和 c 是唯一的"超限数"，上述性质没有意义。但是存在无限多的超限数。对于 4.2 节中证明的结论，即一个含有 n 个元素的有限集，可以做出大于其元素个数的不同选择，这几乎可以不变地扩展到无限集。（数学家使用术语"子集"而不是"选择"，因为后者有较多的物理内涵，所以通常没有人会说"选择"子集）

特别地，可以证明自然数集 $\mathbf{\Omega}$ 的子集的数量就是 c。实数集 $\mathbf{R}$ 的子集的数量，有时用符号 f 表示，因为它与某种在 $\mathbf{R}$ 上定义的函数的数量相等。一般来说，我们所描述的超限数以及自然数和零，都是 2.1.2b 节中所说的基数。现在，基数可以分为两类：由自然数和零构成的有限基数；由无限集合构成的超限基数。尽管深究细节会超出我们的目的，但应该指出的是，有限基数的算术，如加法、乘法以及基数幂，已经扩展到超限基数。正如有限基数（数论）中仍有许多未解决的问题一样，关于超限基数的存在性和性质仍有许多未解决的问题。最近才发现了下述问题的一个答案：N_0 和 c 之间存在中间量（number）吗？也就是说，存在 λ，使 $N_0 < \lambda < c$ 吗？①

4.3.2　超限序数

在 2.1.2b 节中观察到，自然数也发挥着"序数"的作用。例如"1 月 3 日"是指"1 月的第 3 天"，体育场的座位号也起到序数的作用。"我将坐在离过道的第 4 个座位"等价于"我的座位与过道之间将隔着 3 个座位"。这里不会有任何的误解，因为"4"在第一个陈述中是一个序数，而"3"在第二个陈述中是一个基数，但是类似地使用超限数将会导致误解。例如，陈述"自然数的数量是 N_0"没有显示出它具有某种顺序，并且如 4.3.1 节所示，有理数的数量同样是 N_0。但是，有理数的数量级（order of magnitude）与自然数的数量级完全不同。在 1 和 2 之间没有其他

① 康托尔猜测这个问题的答案是否定的，许多后来的研究者推测这最终将会在集合论的公理基础上得到证明。同时，将不存在这样的 λ 的假设称为"连续假设"，许多数学问题的解决都是基于这个假设。然而，哥德尔（gödel，1941）和保罗·科恩（Cohen，1963）的工作最终确定连续统假设是集合论的一个独立公理；一致性的集合论（consistent set theories）可以包含它也可以拒绝它，因此这里将集合论置于类似经典几何对待平行公设的位置，在那里一致性几何（consistent geometries）可以包含它也可以拒绝它。

的自然数,但在任意两个有理数之间有无穷多个其他有理数。[①] 因此,不像有限的计数数那样,超限数(如 N_0)的符号不能被用作序数符号。在超限层次上,"基数"和"序数"之间的区别变得至关重要。康托尔意识到这一点,除了基数以外,他还必须定义和研究另一类称为"序数"的超限数。对于相同的超限基数(它只表示大小),必须定义对应的无穷多种不同的序数,换句话说,一个相同的无限类可以按照无穷多种本质上不同的方式进行排列。因此,自然数可以按其通常的量的顺序进行排列,但也可以对它们进行以下排序:(1)每个奇数都先于所有偶数;(2)两个奇数或两个偶数之间保持原顺序。排序如下:

$$1,3,\cdots,2n+1,\cdots,2,4,\cdots,2n,\cdots$$

4.4 什么是数

现在应该明白,除非我们给予"数"一个限定,否则"什么是数"这个问题是没有意义的。计数数最终演变成基数,包括有限的和超限的。但是,正如刚刚在4.3.2节中指出的,相同的数,在作为序数时,可以扩展为超限序数。

另一方面,当自然数被看作是测量数时,自然数就将被扩展到所有的实数。这些还不是所有从古代苏美尔-巴比伦的"数字科学"中演变出来的"数字"类型。完整的历史会描述负数和复数进入数学的方式。负数的概念对印度教徒显然是有用的,[②]他们的代数受到古希腊最后一位伟大的数学家丢番图(约公元前 300 年居住在古希腊的亚历山大)的影响。但是直到 17 世纪数学家们才开始认识到负数是"有效"的数。正如人们预料的,在演变的过程中,总有个别大胆的数学家,尝试提出这些概念。因此,卡尔达诺在他的著作《大术》中把数字分为真实的数,即他那个时代的"实数"(包括自然数、正分数和一些无理数),和虚构的数,即负数和负数的平方根。据说当后者能够被解释或进行操作时,卡尔达诺曾经谨慎地承认它们,以便最终产生"真实的数"。历史学家也同意:吉拉特(1595—1632 年)不仅

---

① 例如,在 0 和 1 之间有有理数$\frac{1}{2}$;在$\frac{1}{2}$和 0 之间,有$\frac{1}{4}$。简单地说,在 0 和 1 之间,所有的有理数都可以用$\frac{1}{n}$表示,其中 n 为自然数。

② 一些人坚持(如阿奇巴尔德)认为是巴比伦人提出了负数。

承认了负数，而且预测笛卡尔使用“+”和“-”来表示一条直线上的相反方向。

在负实数和涉及$\sqrt{-1}$（“复数”）的表达式最终被承认且具有令人敬佩的数学地位的背后，很难区分各种文化力量（如遗传和文化张力等）的贡献。一方面，是代数方程理论的完整性要求它们被承认，否则就不能得到例如著名的代数基本定理中n次方程有n个根这样的结论。[①] 另一方面，物理科学的发展对数学分析的需求推动了完整的复数理论的产生。设计“自然法则”时的大胆和独创，有可能在创造相关的数学结构时重现，特别是当这两个活动都是由同一个人进行时（当时通常是这样）。因此，新的数概念的需求是由文化或遗传张力（或两者的结合）造成的，所以不管“现实主义”个体是否会对其“虚构”的性质提出异议，这些概念都将被创造出来。

在现代代数中，为迎合不同的数学理论或新的应用的需求，数字体系有着多种多样的形式。一般（且粗略地）来说，一个“数系”是一个集合，它里面的元素可以通过+和×运算来结合，并且这两种运算满足某些基本性质。这些性质类似于普通算术中加法（+）和乘法（×）的性质，例如自然数或实数的算术。如果a、b和c是自然数，那么$(a+b)+c$和$a+(b+c)$[②]结果相同——加法结合律，$a\times(b+c)$与$(a\times b)+(a\times c)$结果相同——“分配律”。但在现代代数的一般数字系统中，相加和相乘的对象可能不是我们通常所说的“数”。事实上，它们通常以现代的“公理化”形式（这种形式是由希腊形式演变而来的）呈现，我们所操作的对象和运算是完全未经定义的，但满足类似于加法和乘法的结合律和分配律的公理。当然它们有其重要的解释，否则，若它们没有任何用处，也不会被引进。在这些解释中，对象可能是多项式、函数、矩阵或其他抽象的数学概念，它们满足上述公理中的性质。并且这些解释往往为建立对应的数字系统提供着动力。

由此可见，现代数学家已经没有了其祖先关于“数”（或其他数学抽象概念）的“实在”的疑虑。他可以接受完全不同的标准，这些标准包括一致性、概念的应用性等等。

---

① 史都克观察到（Struik，1948a，P. 114）：“有一个奇怪的事实，复数（如$\sqrt{-1}$）的第一次引入发生在三次方程理论中，在一个方程的解显然无法以一种已知的形式存在的情况下产生，而不是像目前教科书介绍的那样，发生在二次方程理论中。”

② 括号表示首先执行括号里面的求和。

5 演变的过程

到目前为止，已经对历史事件给予了相当大的关注。这是必要的，为分析演变力量提供了基础。① 为揭示影响数学演变中文化性质的力量，这些足以作为历史方面的证据，因此忽略历史中其他必然包含的材料。尽管如此，为了阐明历史本身，例如无限小数的概念和性质，更多的历史细节需要被包含进来。因此，在集中讨论所涉及的力量之前，最好先对有关的历史事件作一个简要概述，省略大部分细节，把重点放在演变方面。

在描绘数的发展和几何对它的影响时，人们常常关注其中的张力类型。如果没有这些张力，原始数字的性质就不会发生变化（甚至不会产生任何原始数字），数学本身也不会被称为西方文化中一种特殊的、可识别的元素。数学不仅取决于数和几何概念的演变，而且这种演变实质上是作用于它的张力的产物。这些张力最终也推动数学整体的发展。其实，在这些张力或力量成为主要的研究对象之前，人们正在仔细研究产生数学本身的力量。事实上，相同的力量通常可以在更大的范围内发挥作用，即推动所有科学的发展。

5.1 希腊之前的数学

关于主流数学的开端，在对苏美尔-巴比伦数学的研究中，诺伊格鲍尔、塔里奥-但基、萨克斯和其他人已经解决了许多关于数的起源和我们如何表示数的问题，并且其中大部分与神秘主义和神话相关的内容已被清除。例如，最近出版的高中教师的书中有陈述（全国数学教师委员会，1957 年，第 7 页）："数字 1，2，3，4，5，… 被称为自然数，因为人们普遍认为它们具有某种哲学意义上独立于人的自然存

① 使用"力量"一词似乎不恰当，例如，把"文化滞后"称为一种"力量"，似乎有点扭曲这个词目前所使用的意思。也许"张力"一词更可取。注意到，它们是同义词。顺便提一句，艾萨克·牛顿在他的《自然哲学的数学原理》中定义："物质固有的力或物质的内在力量，是一种抵抗的力量，使每一个物体保持原来的运动状态不变，即保持静止或匀速直线运动。"

在。相反，最复杂的数系被认为是由人的智力建构出来的。”[①]无理数、复数和任意的实数都是人为构造的，而计数使用的数不是，它们有自己特殊的存在。这种观点反映了一个事实：自然数从古代流传下来，是现成的，它大部分保存在民间传说而不是历史文献中。然而，新的历史研究使我们对数系的发展有了更清晰的认识。此外，数学的科学基础已经明确，可以更加公平地看待数学在知识理论中处于特殊地位的原因。

任何文化都不知道人类是何时开始计数的。即使人们奇迹般地获得了所有相关的历史信息，可计数的发展是如此之缓慢，以至于无法确定其开始的确切时间(见 2.1.1 节)。从这个意义上说，它从来没有真正开始过。所有的文化都有数字，即使只有一、二和很多或者其等价说法。但文化中缺少数字并不意味着这种文化的持有者无法说明 10 种事物的集合比 9 种事物的集合具有更多的元素。为了做到这一点，他们可能使用的是语言以外的其他工具——比如鹅卵石、结绳等等，又或是通过重复基本的数词来弥补数字的缺乏。第 2 章中指出，有证据表明在旧石器时期就有机械工具的使用，如计数木棍(Struik，1948a，P. 4)。随着文明的发展，社会变得更加复杂，对日历系统的需求、将测量应用于农业的需求等等，使得发展新的和更精准的计数方法变得必要，不管是语言上的还是机械工具上的，尤其是在古老的苏美尔文化以及融合了苏美尔文化的巴比伦文化中。所有这些发展都归因于文化张力——一种可以被认为是“需求是发明之母”的文化因素，大致类似于生物学家所说的环境压力。然而，在这里，张力更多来自于文化而不是物理环境。

为了计算，需要使用语言上或物理上的数字符号(2.1.1 节)，但随着被计算的集合越来越庞大，不断重复的过程变得过于繁琐。于是在巴比伦文化中，基数的选择出现了，符号化加速，数的位值体系发展起来。随着社会结构的日益复杂，有必要引入数的运算，例如通过加法和乘法把数结合起来。并且位值体系的发明迫使引进一个新符号——零，起初只是表示没有数字的“空”的情况，而不是作为一个数字。我们使用的零，是通过阿拉伯人从印度获得的，是由印度人发明或是从巴比伦人那里借鉴来的，也可能是从希腊人那里借鉴来的，人们认为这并不重要。关于零的发明的必然性，如果不从演变的过程进行充分的证明，那么玛雅文化的

---

① 对比 19 世纪的数学家克罗内克经常引用的话：“整数是上帝创造的，但其他一切都是人类的工作。”

出现也可以证实这一点。

然而，在巴比伦数学出现“零”符号之前，就已经开始了数的运算，出现了精心制作的乘法表。此外，人们还认识到，除以一个数 n 等于乘以它的倒数$\frac{1}{n}$，并且大量用于除法的倒数表也诞生了。显然人们找到一个巧妙的方法来寻找倒数。仔细回想，在这个时候，数概念已经具有了巨大的普遍性和抽象性。严格作为形容词的原始数词（见 2.1.2e 节）演变到名词一、二等等的过程是漫长而费力的，后者表明数的抽象概念的诞生。古巴比伦人是否走到了这一步，我们不清楚，但他们使用数进行运算的方式可能可以表明这一点，他们文化中与神秘主义有关的数字命理学也能表明这一点。一个最初为某个目的而设计的符号逐渐被赋予新的意义，这个过程很常见，例如零符号被提升为数字符号的过程。当一个数成为一个抽象概念时，它已经完成远离外部现实世界的最后一步，数作为一个个不同的抽象体而存在。此外，这些数的运算（加法、乘法等）成为了一门真正的科学——一门数字科学，就如今天的任何物理科学可用于计算和预测一样，古巴比伦的数字科学处理的是当时环境中外部现实世界的问题。

现在，单独就这个巴比伦数字科学的两个方面进行讨论（2.3.2 节），因为它们对后来的数学发展有重大的意义。其中一个方面与定理和证明有关。如前面所述（2.3.2 节），一般认为巴比伦数学不包含任何今天所说的定理，也就是逻辑证明的一般性陈述。这只是一种“做这个，做那个”的事情。然而，在一个又一个的实例中，人们似乎默认了某些未说明的规则，例如用于求解方程的过程。如果这些过程以正式的方式表述，就会形成“定理”。这些“数学家”清楚哪些方法是可行的，即便他们没有对这些方法作出正式的表述。可以想象他们的交流方式是通过口头来陈述规则（即“定理”），特别是在教学中。如果是这样的话，它们就很接近一般的定理概念了。

此外，巴比伦人的“证明”可能是在外部世界而非概念世界中发现的。这时的“证明”可能纯粹是关于一个定理（在这里指口头陈述的一种方法）在一个又一个例子或者实际应用中作用的示例。（该解释完全符合今天那些设法进入学院的数学原语中的“证明”）人们可能会认为，希腊的定理和证明模式是对巴比伦前人的一种自然的改进，就像我们的模式是对希腊人的改进一样。“对当时来说它们已经足够严谨了。”

巴比伦数字科学第二个值得注意的方面（3.3.1 节）是一个看似微不足道的运

算，但对后来的数学发展具有重要意义。事实上，数字科学的一个应用就是测量长度，比如一个石碑的宽度。如此一来，计数数也可以作为测量数——因为长度的测量从本质上来说就是计数单位长度的数量，这是一种自然的演变。这后来推动了实数连续统的萌芽，也很可能是希腊几何成为数学的一部分的原因之一（视觉思维或者其他模式思维的需求可以迫使几何在任何情况下以某种形式出现，例如以一种原始的拓扑形式出现）。如果不是因为测量成为了一种文化需求，从而将数字科学与几何形式统一起来（甚至可能达到建立几何代数的程度。见 Neugebauer，1957，PP. 149—50），几何不可能这么早就成为数学的一个重要部分，也不会出现几何主导了希腊数学的极端说法。但是，从我们的观点来看，更重要的是通过"量"的形式引入了任意实数，这对数概念的发展产生了巨大的影响。

古巴比伦人发明了通过相邻边长计算矩形面积的规则，通过直径的长度（$\pi=3$）计算圆的周长和面积的规则，以及通过底部面积和高计算圆柱体积的规则。他们甚至知道满足勾股定理的边的整数值（3，4，5；5，12，13；等等）。虽然这些只是数字科学的应用，但它们构成了推导几何定理的材料。此外，他们很好地吸收了当时专业数学家的术语，使几何成为数学不可分割的一部分。

简而言之，在希腊之前的时代，文化张力迫使计数的发明，随着计数过程越来越复杂，需要进行适当的符号化——因此引入了数字。阿卡德人接受了苏美尔人的表意文字符号，这是一个渗透过程，它反过来促进了进一步的抽象化。工程、建筑等方面的需求导致了数在几何测量中的应用以及数学家对几何规则的逐渐吸纳，这些规则后来成为定理。数学家正受到越来越大的压力，不仅来自外部他的非数学同胞的需求（文化张力），还有来自内部对所获得的数的性质进行系统化和简单化的需求（遗传张力）。当这些符号开始具有一种内在的和神秘的意义时，数便脱离了物理现实和应用，开始作为一种概念而出现。这一阶段为希腊数学的伟大发展奠定了基础。

5.2 希腊时代

人们普遍认为，希腊人和他们前辈的研究之间有着巨大的差距，即存在一个"缺失的环节"。但这个"缺失的环节"是否具有如此强大的吸引力，以至于历史学家常常去研究这一奇观呢？当人们研究其中潜在的过程时，可能会得到这样的结论：所谓的差距仅仅是具有深刻革命性的概念的引入而导致的飞跃罢了。巴比伦人把数学发展到希腊数学的两个基本概念，即定理的概念和证明的概念即将诞生的阶段。毫无疑问，巴比伦人的思想遍布地中海东部地区，但是埃及人到底从他们身上借鉴了多少东西不得而知。但在埃及数学中，除了部分更先进的几何规则之外，几乎没有别的东西是巴比伦数学中没有发现的。

忽略在适应新文化方式的过程中可能出现的偏差，希腊数学无疑是巴比伦数学的自然演变。当思想从一种文化传播到另一种文化时，通常会出现这种现象："宿主"文化对所采用的文化元素进行改进，以符合自己的思维和行为模式。将希腊文化与巴比伦、埃及文化进行对比时，人们会对他们在智力上的根本区别感到震惊。巴比伦和埃及的文化更像原始文化，是墨守成规的；思想的独立性不被鼓励，且被视为是对国家的威胁。但在希腊文化中，盛行一种自由的态度，正如一位作家(Barnes，1965，P. 122)所言，自由思想的诞生发在希腊，它被称为一种科学的观点。显然，作为文化的一般层面，它对当时希腊数学的发展方式产生了深远的影响(一个环境性质的文化张力的实例)。在希腊数学的一个半世纪中，也就是公元前600年到公元前450年间，所有数学上的重要人物几乎都是哲学家，比如泰勒斯和毕达哥拉斯。根据一些作家的说法，泰勒斯是最早在定理和证明方面取得重大突破的人物之一。而毕达哥拉斯的哲学和数学紧密地交织在一起，几乎无法区分。由于缺乏历史证据，我们只能推测很可能是希腊哲学与巴比伦数字科学的结合导致了所谓的飞跃，实际上它是向更高层次抽象的飞跃。此外，希腊文化热衷于探索宇宙的规则，难道这不会诱发在数学中发生类似的探索吗？可以肯定的是，这里确实存在一种不连续的现象，但从文化演变的观点来看，这种不连续现象是意料之中的。事实上，没有什么演变鸿沟比文化自身的开端更大，即人类的行为和所有其他生命体的行为之间的差距。人类一旦拥有了符号的能力，就造成了人类拥有概念能力和其他动物明显缺失这一能力之间的差距。同样地，公元前600年的数学需要希腊哲学家的寻找和发现一般规律的能力，通过这个能力可将数学转化成一种新的和更有效的工具，以至于人们难以识别它原先是从什么材料中诞生的。[①]

---

① 根据萨博(Szabo，1960)，希腊的演绎方法"建立在埃利亚哲学之上"，希腊第一个演绎科学是算术。然而，他认为公理和假设的引入源于几何，是由线段的可无限分割与哲学所构想的单位不可分割之间的内在"矛盾"造成的。

在大多数学者看来,数学的确是在希腊人中成熟起来的。巴比伦人和埃及人关于数和形的概念,都与外部现实紧密相连,而现在它们在一个更高的抽象层次上被转化成新的概念。虽然这些新概念仍然与外部世界有关,但它们获得了一种新的尊严——被认为是一个完美的理想思想领域中的一个理想结构。这里存在一个奇怪的双重性质(duality)。例如,虽然几何被认为是对外部现实世界的精确描述,但很明显,外部世界不存在完美的直线、圆和三角形,因此它们只是一个超理想世界中假定存在的完美原型。数学,除了是为外部现实世界的问题提供解决方法的科学外,也可以为自身而发展,因此数学的双重性质诞生了,稍后将会进一步讨论这一点。柏拉图认为,与对数学本身的研究相比,对数学科学性的研究(即它与外部现实世界的关系)并不重要。在希腊时期,当一个与几何相关的基本问题被解决时,会立即引起数学研究者的兴奋,即我们今天的数学研究过程中我们所说的真正的"研究氛围"。

就方法而言,希腊时代最伟大的概念无疑是公理化方法。选择一些概念作为基本概念并阐述一些关于它们的公理或规则,由此出发,借助定义和逻辑演绎得出所有其他的概念和性质,这个方法成为数学和科学最重要的工具之一。诚然,还有待进一步的发展才能充分发挥其全部潜力,但它已经迈出了一大步。脱离了理想主义性质,希腊数学成为一门真正的科学,一门在外部世界中可观察到的科学。

有趣的是,在希腊时代结束之前,就已经在研究解析几何和微积分了。但不幸的是,希腊数学已经达到了顶峰,并开始走下坡路。毫无疑问,衰落的部分原因是符号表示未能取得与概念一样的成就,特别是在代数方面。人们可以猜测,如果希腊人的几何代数(以量为基础)伴随着类似他们的后继者发明的符号工具,那么他们的数学可能已经找到了新的生命。值得一提的是,希腊文化的许多计算方面仍沿用巴比伦的六十进制系统,特别是在天文学中。造成这一现象的张力显而易见:六十进制系统允许整数和分数的统一表示,因而很好地满足了天文表的编制需求。在数学中不存在这样的张力,强大到足以迫使发明一个新符号来解决欧多克索斯和他的后继者已经满意地处理的问题。同样不容忽视的是,可能由于文化滞后或文化抵制,在几何之后,希腊人未能将巴比伦的符号应用到他们自己的数字问题(numerical problems)上。

但毫无疑问,还有其他数学以外的原因导致了这种衰退。许多人都认同,如果一般的文化环境以不同的方式发展,欧几里得传统也许会以某种方式进行演变，而这种方式在长达16个世纪的科学演变中是没有先例的。这似乎可以从欧几里得之后，集中在亚历山大的著作中看出。阿基米德，一个最伟大的数学家之一，在亚历山大跟随欧几里得的后继者学习。他运用了一种与现代非常接近的方法，将他的数学天赋应用到力学中，尽管基本上是通过公理和演绎的过程获得必要的定理。这不仅是欧几里得传统，也是对后来牛顿所做研究的预言。“阿基米德发明了流体静力学的全部科学”(Archibald，1949，P. 23)，并且从事天文学工作，写了“一本关于球体构造的书，书中模拟了太阳、月亮和五大行星在天空中的运动”。阿基米德的一位“在亚历山大教书”的朋友埃拉托色尼，对“地球的子午线周长做出了非常精确的测定”。事实上，欧几里得写了一本关于球面几何的书，其中包含关于观测天文学的提议，以及一本关于光学和音乐的书。介于欧几里得和阿基米德之间来自萨摩斯的阿利斯塔克“是第一个断言地球和其他行星(金星、水星、火星、木星和土星)围绕太阳转的人，也即预言了17世纪哥白尼的观点”(Archibald，1949，P. 22)。尽管数学经历了向几何的极端转变，但希腊人似乎已经走上了通往现代科学的道路，无论是在数学方面，还是在数学的应用方面。

甚至机械装置也开始出现了，“如虹吸管、火车、利用火自动打开庙门的装置、人力或风车吹动的管风琴”(Archibald，1949，P. 25)；“一枚五德拉克马的硬币被投入自动喷洒圣水的机器”(Kline，1953，P. 62)。根据M·克莱因的描述，蒸汽动力产生并用于“一年一度的宗教游行中沿着城市街道行驶的汽车。当寺庙祭坛下的火升起时，蒸汽将生命注入众神中——他们举起手来祝福礼拜的人，还有那些流下眼泪的神和倒酒的雕像”。[1] 这些机械装置显然会引发人们对这种异端倾向的巨大疑惑！我们可以合理地得出这样的结论：数学外部的文化张力主导了整个西方文化的演变过程，这正是希腊数学逐渐消亡的主要原因。就像后来法国的机械实验时代一样，因为缺乏文化环境的需求，具有巨大潜力的数学思想被“扼杀在摇篮中”。换句话说，当时的科学已经满足了那个时代的文化张力的需求。

柯朗和罗宾(Courant and Robbins，1941，P. 16)认为，以量的形式在“纯几何公理的灌木丛”中占据优势的几何图形，导致了“科学史上一条奇怪的弯路”，也因此“错过了一个绝好的机会”。“大约2 000年的时间里，希腊几何传统的影响阻碍了数概念和代数运算的发展，而后者是现代科学的基础。”数学中的遗传张力(这

① 引自M·克莱因的《西方文化中的数学》，牛津大学出版社1953年出版。

是导致“弯路”的主要原因)，与当时环境张力对解析几何和微积分符号的需求不相匹配。数概念和代数的发展相差 2 000 年的时间间隔，其责任不完全在数学上，而应由当时整个文化综合体共同承担。希腊数学的一种广泛的观点表明，希腊数学具有朝向现代数学方向发展的内在生命力和广度。不仅是数学演变的过程，而且希腊人所有的智力成就(科学和人文)都受到文化环境及其普遍衰落的阻碍。如果当时处于一个不同的环境条件，那么代数的发展(后来由阿拉伯人进行)可能是由希腊人创造出来的，而现代科学可能在 16 个世纪以前就发展起来了。

希腊时期的重要演变因素都有哪些？首先的也是最重要的是渗透因素，巴比伦-埃及数学与希腊哲学相遇，发展出一门公理和演绎推理的科学。其实是更高层次的抽象，将数学本身提升到研究对象的高度，使其具有更强的可操作性。这里通常伴随着概括——现代数学经常使用的工具。一种新的数学出现了，一方面是对外部世界的某些结构的描述；另一方面是对理想领域中的性质的探索，而不考虑这是否能在外部世界完全实现。相比起巴比伦-埃及的数学，在这种更抽象的氛围中内部或遗传张力发挥了更大的作用。但是，由于缺乏迫使人们关注符号作用的张力，削弱了希腊数学的进程，最终数学和科学的发展屈服于更强大的主导西方文化的外部文化张力。

5.3　希腊之后欧洲数学的发展

与希腊人的文学和哲学著作相比，他们的数学的生存状况相对较好。虽然许多重要的论文没有流传下来，但欧几里得和其他希腊学者的许多著作都被阿拉伯人翻译，并被欧洲文化所知。大约在 16 世纪，希腊拜占庭时期的手稿传播到西方，促进了欧洲几何的复兴。阿拉伯人建立的一种代数传统，活跃在地中海东部地区以及西班牙和摩洛哥周围的地中海西部地区。与意大利人的商业往来导致了阿拉伯代数的广泛传播，并引起了意大利人对代数的兴趣，尤其是关于方程问题的解。这种兴趣继续向北边和西边传播，这一点可以在挪威的阿贝尔和法国的伽罗瓦的作品中得到证实。由于方程的解以及分析的需求(遗传张力)，创造出其他类型的数，使得整数和简单分数的运算得以增强。这是一个很好的例子，说明符号化是影响数学演变的一个重要因素，也就是说，符号的形式操作可能会迫使新概念的引入。回顾一下零符号的发展过程，零最初只是在数的位值表达中表示没有数字的“空”符号，进而演变成一个概念的符号，也就是数字 0 的符号。同样，在很长一段时间里，负数的平方根在数学上不被认可，$\sqrt{-1}$这个符号被认为是不可接受的。显然，在没有得到外部世界认可的情况下，希腊人所构想的理想数学领域是无法进入的。然而，通过算术法则的操作，它最终产生了有意义的结果。此外，如果没有它，代数和分析就得不到一个完整的基础。因此，最后这个符号被允许表示一个数。

在 17 世纪，通过笛卡尔和费马的工作，代数和分析的结合发展出我们今天所说的解析几何。解析几何的发明显然不是历史偶然，而是长期演变的结果，其起源可以追溯到希腊人的工作。“公元前 200 年左右阿波罗尼奥斯关于圆锥曲线的内容，远远超过美国任何一本解析几何教科书所包含的内容”(Archibald，1949，P. 24)。事实上，笛卡尔所取得的进步很大程度上归因于他关于几何的计算方式，在这里他引入了一种良好的代数符号。对于牛顿和莱布尼茨即将建立的微积分也可以进行类似的观察。实际上，希腊人已经发展出了积分学的某些性质，以及在他们的逼近论中关于极限概念的方法，这些在今天看来是常识。此外，牛顿的前辈们已经研究出了今天微积分教学的大部分内容。简而言之，微积分是长期演变的结果，在我们今天所说的正式的微积分实现之前，需要足够的外部张力和内部的符号发展。微积分并没有停留在牛顿和莱布尼茨留下的最终形式。但他们是值得称赞的，因为他们把这个问题置于一个有效的符号和算术形式之下，留给他们的继任者抛光和建立一个合适基础的工作。①

当你读到这些发展历史时，你会感到：这个时期的数学正回到与古巴比伦时代相似的情况，尽管它可能具有更复杂的性质。正如巴比伦人在没有正当理由的情况下发明了计算的规则，这里的正当理由后来被称为逻辑证明，17 世纪和 18 世纪大部分的分析都是在“它起作用”的理由下被发明出来的，显然这不足以构成一个正当的理由。尽管有“贝克莱主教的苛责”和其他批评(对比绪论第 4 节)，人们仍然信心十足地寻找能够产生有用成果的新方法，并且不太担心它是否具有一个良好的基础。实际上有人担心缺乏严谨性——例如，牛顿指出，应该考虑无穷级数是否收敛的问题。但这不是严谨的时候，而是一个开创新道路的时期，需要的是大胆，而不是谨慎的胆怯。我们可以看到，与巴比伦时期相同的演变力量在起

① 关于微积分的演变的精彩讨论，推荐参考博耶(Boyer)于 1949 年的著作。

作用——外部和内部(遗传)的文化张力,前者占主导地位,并且日益增长的复杂性使得快速发展的符号缺乏足够的基础。更好的通讯工具和印刷机使得渗透的过程更加活跃和微妙。正如巴比伦时期为后来希腊人创造的伟大基础做准备一样,17 世纪和 18 世纪的数学分析正在为 19 世纪戴德金和魏尔斯特拉斯等人提出分析的基础做准备。

5.3.1　非欧几何

与此同时,在几何方面,其他的重要发展正在形成。从欧几里得时期开始,人们相信希腊人已经为数学奠定了充分的基础,就像欧几里得的《几何原本》所呈现的那样。我们现在知道欧几里得公理是不充分的——甚至还不足以证明他的第一条定理。但是古人的感觉恰恰相反,他们觉得他想得太多了。特别地,他们认为平行公设是不必要的,甚至传闻欧几里得也不喜欢这一假设。我们已经在绪论(第 3 节)中讨论了几个世纪以来数学家们如何试图从其他公理逻辑推导出它。甚至奥马尔·卡亚姆也曾做过这方面的工作,有证据表明,有的人认为 14 世纪阿拉伯人的研究是对卡亚姆研究的重复。18 世纪上半叶,意大利的耶稣会士萨凯里,为了证明平行公设(他认为他是这样做的),得出了相当多的非欧几何结论。那么在 19 世纪早期 3 位独立进行研究的数学家(没有发表他的研究成果的高斯、波尔约和罗巴切夫斯基)取得突破性的进步就不足为奇了。

一致的非欧几何能够被不同的数学家建构,这一发现背后的含意对各个水平的人类知识的演变具有重要意义,不管是最实际的还是最抽象的人类知识(见绪论第 3 节)。尽管数学世界花了至少 30 年才意识到欧几里得几何不是绝对的或必要的这一事实的重要性,但一旦文化障碍被克服了,其影响是巨大的(对比 3.5.1 节)。首先,对于那些思想并非绝对封闭的人来说,他们很容易明白,数学真理所存在的柏拉图理想世界,必须被一个人为的数学概念世界所取代,并且与人类发明的其他系统一样具有文化性,即适应和控制人类所处的环境。数学的双重性质被保留,数学仍然是科学研究的工具,但在概念方面它获得了前所未有的自由(见 3.5.2 节)。这个自由伴随着一种信念,即数学不再被理想或外部世界所束缚,它可以不受经验世界或理想世界中"真理"的限制创造数学概念,这种对自由的追求并非完全合理,但暂时它是一个大补药。(见 6.1.4 节)

其次,一个新的领域即将被开拓和发展,即公理系统。传统观点认为公理是不言而喻的真理。在所有关于平行公设的研究中，没有人质疑它的真实性，这是一种有趣的文化抵制，这也可能是之前没有发现非欧几何的主要原因。现在，人们不得不放弃“真理”一词，而把公理简单地看作人为的基本假设，即对外部世界或概念世界中某些模型的描述。公理化方法可以应用于各种各样的模型，无论是数学的还是非数学的。这是上个世纪和本世纪初对公理化方法制定的新概念。[①]

5.3.2 关于无限的介绍

这种对数学的新态度(数学已经摆脱束缚，可以自立发展)很可能参与了上世纪后半叶的另一个重要发展。今天，数学有时被称为无限的科学。[②] 直到大约1895年，这样的说法都没有什么依据。希腊人倾向于避开无限。欧几里得的基本公理说“每一条线都可以延伸”，而没有说每一条线都是无限长的。虽然人们普遍认为他证明了无穷多个素数的存在，但他真正陈述并证明的是“素数比任何指定数量的素数要多得多”(见3.3.2节)，也就是说，给定任何有限的素数集合，存在一个规则，可以找到一个素数，它不在集合里面——这类似于线的可延伸性公理。前面也提到过(见4.1.1节)，1831年伟大的数学家高斯强烈反对在数学中使用无限，他认为“无限只是一种说话方式”。

但演变过程中的文化张力没有认识到一个原则：如果一个概念(无论它有多么令人反感，或者它可能遇到多少文化抵制)提供了一种征服顽固问题的方法，那么它最终会不断地进行演变并且被接受。数学中遇到过这样的问题。正如所有应用数学家所知，在和声学、热学等理论中，对波动的研究引起了对用三角函数表示的级数的思考，对这一级数的研究引发了分析基础的问题，而这可以通过引入无限集合来解决。最终这导致了一个发现：像两个有限集合可能具有不同数量的元素一样，两个无限集合也可能具有不同的“数量”。当然，为了使后者有意义，有必要知道什么是无限集的“数量”。研究这些问题的德国数学家康托尔给出了无限集的数量的定义，即超限数，并且他的定义也能够应用于有限集，将有限自然数视为一种特殊情况。此外，他将自然数的算术推广到超限数。集合论由此诞生。(见第4章)

---

① 当然，这种观点的改变并非完全归因于非欧几何，因为它似乎是更一般的发展中的一部分。因此，逻辑的布尔、代数的皮科克和力学的休厄尔已经尝试使用公理来预言未来的发展。

② 韦尔，见第4章4.1.1节。

再一次,数学世界面临着困境:是否允许一个新的可疑的角色进入正统的数学领域。显然,当深入研究非欧几何带来新自由时,人们并不认为现实是引进概念的许可证。毕竟,人们可以很容易证明非欧几何在物理学中的应用性。但在外部世界中,哪里存在无限集呢?所以康托尔那份最基础的、最具有历史意义的论文最初被拒绝发表。尽管他关于无限的论文最终还是发表了,但是它们并没有激起人们的热情。

不管怎样,新理论开辟了新的研究前景,不仅提供一种解决基础问题的方法,而且还产生足够强大的遗传张力,足够抵挡文化抵制。到 1900 年,尽管它仍未被普遍接受,但这一理论在数学界获得了尊重。(与此同时,它精神敏感的创始者格奥尔格·康托尔也被逼进了精神病院)

5.4 数学演变的力量

下面列出数学发展中可辨识的主要力量。它们中的大多数在前面的讨论中已经提到过,但不是全部,因为有些只有在现代才发挥明显的作用:

数学演变的力量

1. 环境张力(Environmental stress)
   (a) 物理性质的(Physical)
   (b) 文化性质的(Cultural)
2. 遗传张力(Hereditary stress)
3. 符号化(Symbolization)
4. 渗透(Diffusion)
5. 抽象(Abstraction)
6. 概括(Generalization)
7. 结合(Consolidation)
8. 多元化(Diversification)
9. 文化滞后(Cultural lag)
10. 文化抵制(Cultural resistance)
11. 选择(Selection)

5.4.1 评论和定义

就像人类个体的发展受到两种主要的影响——环境和遗传，数学演变的过程也受到外部和内部张力的影响。借用这个类比，我们使用相同的术语（环境和遗传）来区分张力的类型。然而，必须避免一种错误的想法，即认为一种干净利索的分离已经发生。因为在一个给定的数学概念的演变过程中，通常两种因素会同时起作用，就像自然的进化那样，很难将它们分离开。尽管如此，为了便于分析还是要进行分离，但人们总要意识到在任何给定的情况下，现实中都难以做到完全的分离。

环境张力可分为物理性质和文化性质两方面。然而，物理性质的环境张力主要在计数的开始即“一、二”阶段（见 2.1.1 节）起着重要作用，而在真正的计数过程（以及后来的大多数发展）中，文化性质的环境张力占主导地位。人们不应该被物理学和力学是数学发展的主要因素这一事实误导。物理学和数学一样，是一种文化现象，是人类所建构的文化环境的一部分。虽然物理性质的环境张力可能仍然是影响物理演变的最重要因素之一，但在数学上并非如此。

在希腊文化中，遗传张力的影响相当明显。尤其在不可通约量和芝诺的时空悖论而导致的“危机”中表现得最为强烈。毫无疑问，它是导致公理化方法的引入、几何作为研究数论的工具和对三角形和圆形等空间形式的研究的主要因素。另外不容忽视的是，希腊哲学的一般观点所施加的文化张力，以及随之而来的对认识宇宙基本结构的渴望，也促进了希腊几何的发展，正如欧几里得的《几何原本》所描述的那样。

符号化是计数发展的基础，并最终导致了具有表意性质的特殊数学符号的发展。只要人们被困于地方语言、通用的语言抑或是专门为数学目的而创造的特殊词汇，数学的进步就会受到阻碍（对比 2.2.2 节中关于密码化的注释）。似乎可以公平地说，17 世纪数学分析所取得的巨大突破不仅仅是当时欧洲的一般文化进步的伴随品，除非能够将这些进步与当时韦达、笛卡尔和莱布尼兹等的伟大符号成就联系在一起。在分析当时的数学进步时，人们会对其中实际发明的强大的符号工具的数量而感到震惊。以微积分为例，在阿基米德和其他希腊数学家的研究中可以看到微积分的开始；到了牛顿和莱布尼兹时代，已经形成了广泛的积分和微分理论，牛顿和莱布尼兹创造了“一种用于分析操作的符号体系，按照严格的形式规则执行，并且独立于几何意义之外……牛顿和莱布尼兹分别单独建立了微积分，并且使用不同类型的符号”(Rosenthal，1951)。

特殊符号在数学中的作用可以与习惯在日常活动中的作用相提并论。例如，我们系鞋带的过程不需要思考，因为我们已经养成了一种习惯。同样地，一旦记住解的公式，在求解一个二次方程时我们就不需要思考，因为我们已经养成了一种符号的“习惯”来做这件事。遗憾的是，如此多的数学学生只养成了符号的习惯，却对它们的背景知之甚少。事实上，当许多数学教师的教学超出符号习惯的灌输时，他们会遭到许多痛苦的抱怨(见绪论第 2 节)。此外，正如前面所述，一旦建立了一个合适的符号，它往往会产生一种内在的遗传张力，[①]例如追求一个更一般的形式，或者出于解释的目的而扩展相关理论(例如高阶方程对扩展数概念的张力，即要求包含 $\sqrt{-1}$ 作为数)。

希腊文化在数学上取得巨大进步的最初动力是渗透，巴比伦和埃及的数学与希腊哲学相遇，产生了一种全新的、完全不同的数学结合。[②] 在那之前，几何只存在于计算面积和体积的规则中。类似于产生数字科学的文化张力，导致了测量规则的产生。此外，遗传张力导致了科学工作者为锻炼他的算术能力而构造具有几何特征的问题。但是除了这些类型的力量外，几乎没有关于其他的演变力量的证据。如果没有接触新的文化，巴比伦-埃及的算术和几何很可能保持基本静止的状态，就像中国的数学一样。从巴比伦和埃及到希腊的渗透为希腊哲学提供了新的动力。那些接受关于泰勒斯和毕达哥拉斯的民间传说的历史记录中，记载了一些在近东大范围旅行的学者，他们收集关于几何的信息作为他们反思的基础。甘兹指出，“可以肯定地说，欧几里得《几何原本》第二卷命题1～10 是以几何的形式阐述了巴比伦的代数定理”。(Gandz，1948，P. 13)

与前人的数字科学相比，希腊人的数学演变过程出现了新的文化因素，尤其是抽象和概括。可以肯定的是，这只是程度的问题——它们并非始于希腊人。在巴比伦和埃及文化中，数和长度(以及测量标准)的原始概念的发展已经激发了某种基本的抽象和概括。另外，隐藏在这些成就中的符号化也是如此。但实质上正

---

① 无疑这是赫兹的感受，见绪论第 3 节中对他的话的引用。

② 大约 1930～1945 年间，德国和波兰数学中心的扩散导致了许多新数学的诞生。当希特勒驱逐犹太数学家的同时，也导致了许多最好的“雅利安”数学家的离开，这造成了不可弥补的损失。但作为补偿的一点是，许多欧洲数学家、犹太人和非犹太人与他们在美国的同事进行了智力交流。

是希腊数学的发展，才发现了关于抽象和概括的数学形式。希腊之前的抽象和概括有点类似于现代工程师，为了适应"现实生活"的需要而建立合适的数学模型。后者可能被称为"一级"的抽象和概括；而希腊人引入了一个"二级"的类型，它建立在数字科学和测量规则的"一级"元素的基础之上。

似乎没有必要进一步评论抽象和概括的过程。通过与物理学和社会科学等其他科学领域的接触，数学家抽象出数学模型。数学的科学性主要归功于此。并且在遗传张力的影响下，不断地进行抽象（一种"二级"抽象）。例如，当人们发现许多不同的数学理论中存在某种概念时，将使用公理化方法来研究这个概念的内在性质。这种情况下的张力带有某种"经济"性质，出于节省时间的目的，人们必须一次性解决一个概念的性质，而非每当它以特殊的形式出现时一遍又一遍地重复。

术语"结合"表示将各种分散的数学系统放在一起，使它们包含在同一个系统的过程。在某些情况下，它可能仅仅是两个系统的结合，结合两者的优点。例如，托勒密和其他天文学家使用爱奥尼亚密码和巴比伦六十进制位值系统就是一种结合（正如已经说过的，它一直持续到使用今天的数字代替爱奥尼亚数字）。另一个例子是代数和几何的结合，形成解析几何。结合通常是通过其他演变力量的作用来实现的，特别是遗传张力、抽象和概括。例如，在数词的原始发展过程中可能发生结合。针对不同类别的对象使用不同类型的数词，最终过渡到对所有类别使用单一的数词，这是一种结合，它可能涉及文化张力或初级的抽象。

在现代社会中，结合变得更为重要。随着数学的发展，不仅有更多结合的机会，而且遗传张力常常迫使它发生。数学已经发展到任何个体都无法全部理解的程度。如果那些表面上相互独立发展起来的理论明显具有相似的性质，那么通过抽象和概括的过程通常会产生一个系统，而上述理论中的性质会成为这个系统的特殊情况。例如群论就是这样诞生的。今天所有的数学家都熟悉群论，并能直接辨认出他们工作中的群论元素，因而可以应用群论定理中著名的（并且已经研究出来）群的性质。然而在各种理论中的群论性质被结合之前，群论的元素以不同的形式散布在代数、几何和分析中。

这再次证明了在演变力量之间进行精确分离是困难的，通常是一种力量伴随着或先于另一种力量。在今天结合普遍是由遗传张力引起的，并伴随着或完成于概括和抽象。贝尔（Bell，1945，P. 539）记录了已故的摩尔于 1906 年的陈述："*我们*

规定了一个从抽象到概括的基本原则：各种不同理论有相似的中心性质，这意味着存在一个一般的理论作为这些特殊理论的基础，将这些中心性质统一起来……”[①]显然，这是现代对结合过程的认识，不过，摩尔的观察可能还需补充一点：他所提到的“存在”只是一种潜能，只有在遗传张力的作用下，才可能实现。在现代代数的演变过程中经常出现摩尔所说的例子，即对不同系统中的相似模式进行识别而导致结合。包括普通算术（整数）和实数系在内的所有常见数系都具有某些相同的性质，这些性质是现在代数中称为环的一般数系的特殊情况。在被称作拓扑学的现代数学领域中，各种不断增长的空间类型促成了“拓扑空间”这一概念，这是一个通过添加合适的公理即可区分不同类型的空间的框架。

有时候，看似是结合实则只是概括。例如，一组公理通过删除它们中的一个或多个公理进行削弱，结果得到某几个理论都共有的重要理论。但是，它的产生过程是一种简单的概括，而不是将若干理论中被识别到的共同元素进行结合。虽然产生的结果可能是一样的，但实现的过程却不相同。

多元化是指从数学系统的不同方面出发，创建新的系统来概括或扩展这些方面。像结合一样，多元化在现代比以前更重要。然而，若对历史细节（并不完全符合模式）采取一种宽松的态度，现存的数系、几何图形等的扩展很大程度上归因于多元化。自然数存在的主要原因是它们在计数过程中的作用，最终得到测量和排序两个方面的自然数。另一方面，鉴于文化张力的需求，引入了加法和乘法运算。最终，运算和测量方面产生了分数，并最终产生实数。原始计数方面被扩展到超限基数，而排序方面被扩展到超限序数。专业的数学家可以毫不费力地找到多元化的例子。在这里，抽象和概括再次扮演着重要的角色，尽管遗传张力有助于多元化的开始。

作为一般的文化力量，文化滞后和文化抵制在第1章“初步概念”的1.2节中进行了讨论。在前者中，“传统”起着重要作用，它阻止采用更有效的工具或概念。美国的度量公制系统就是非数学领域中一个很好的例子。在数学和数学教育中也可以观察到。毫无疑问，往往“惯性（inertia）”是它的基础，而非“传统（tradiction）”。数字符号的改进未能从一种文化传播到另一种文化，很大程度上归因于文化滞后。在文化抵制之下，一些反对变革的力量可能会聚集起来，它可

① 来自贝尔（Bell）的《数学的发展》，1945年版，经麦格劳-希尔图书公司许可使用。

能采取民族主义(如众所周知的英国对牛顿的“流数术”的坚持,而抵制欧洲的微积分形式)、“小集团主义”[数学家也是“人”,有时他们会坚持某些术语或概念,仅仅出于他们对其对应物(即使这些对应物更加优越)的来源的厌恶]的形式等等。

人们经常观察到,为了表达或处理一个概念出现了各种各样的符号工具(或仅是特殊的符号),随着时间的流逝,最终只有一个存活下来。这是选择在数学演变中起作用。各种可供选择的概念在演变过程中都会发生同样的事情,所有的概念都指向同一个数学目标,但最终只有一个概念存活下来,尽管有时候没有一个概念在性质上明显优于其他概念。当然也会有几个概念同时存活下来的情况。

然而,并非所有存活下来的都是高效的。这可能由于一个微不足道的原因,比如某个特定的数学家圈子在文化中占主导地位。这既适用于数学理论本身,也适用于诸如接受还是拒绝某个特定符号等相对次要的问题。但是,这并不能被理解为占主导地位的群体的公然拒绝。在这里,“选择”一词似乎不太正确,因为这个过程不是蓄意的,而是渐进的。几年前,一个国际数学家小组出席了一个特别的讨论会,其举办的目的是以公开的方式选择数学领域的标准术语,因为当时这些术语相当混乱和令人困惑。虽然这件事带来许多好处——提供了亲密地交换意见的机会,但就是否达到最初的目的而言,它是失败的。除去少数顽固分子外,新进入该领域的成果都会经历“自然”选择的过程逐渐被选定一个术语,该领域的术语最终变得标准化了,选择的问题终于解决了。顺便说一下,这种情况在快速发展的数学领域中并不罕见,不同的人发明了不同的术语,在经历逐渐的选择并做出决定之前,这些术语的存活性是非常不确定的。

如同其他科学领域一样,存在一些经典的案例表明,如果发起人与重要数学中心之间缺乏足够的联系,那么他的研究难以得到认可。作为一般文化连续体的部分有机体,数学不可避免地沿着自身与文化保持最紧密联系的部分发展,而这通常可以在所谓的“重要”数学中心找到。在一种极端的情况下,一个与世隔绝的研究人员未能与这些中心保持联系,忽视或根本不知道他们的出版物,这时就会发展出一种文化奇观——与时代“脱节”的创作。这些创作的生存价值可能很小,也可能具有重大意义,并最终被称为“走在时代前沿”。关于后一种情况,如果后来数学的研究方向出现了相似的想法,那它们要么被“重新发现”,要么被意识到

它们重要性的人发现。(格拉斯曼和吉布斯,或者植物学方面的孟德尔,就是很好的例子)

深入研究选择因素在数学演变中的作用是很有意思的,据我们所知,这还没有完成。在这方面,应把注意力集中于周期性现象(cyclic phenomena)和数学流行(mathematical fashions)上。

在数学中,一种非常重要的选择是控制研究的方向,即指导新数学的创造方向,特别是数学界中"重要"问题的选择。这里的选择无疑受到其他演变力量的支配,尤其是遗传张力,关于这一点值得进行特别的研究。例如,在国家紧急情况发生时,不仅可以将研究重新定向到"不受欢迎"或者被忽视的问题上,而且可以创建全新的数学分支。(关于个人层面选择的讨论,读者可以参考阿达马,1949,第9章)

5.4.2　个人层面

这里所关注的是作为文化有机体的数学的演变,因而尚未讨论个人或心理层面上的作用力量。在实验科学中,已经写了很多关于"偶然"的文章,即在研究或寻找不相关东西的过程中意外的发现或发明。青霉素的发现就是其中一个经典的例子。阅读现代数学史,可以发现类似的数学案例。但是,偶然并不是一种演变力量,因为它的影响类似于单个数学家的个性带来的影响。不可否认,这些因素确实影响着数学的发展进程,数学只有通过个体数学家的努力才得以发展,即使他们受到文化力量的引导和限制。这些问题更多地属于数学发展中心理层面的问题。当然,探讨这些心理因素与文化层面上的演变力量之间的相互作用可能是有益的。的确,这类研究会像研究基因突变对生物进化的影响一样富有成果。

也许有人会问,在数概念的演变过程中,神秘主义被赋予了重要的地位,但为什么神秘主义没有被列入上述演变力量的列表中。把神秘主义看作在数概念的发展过程起作用的一种特殊的文化张力,而不是一种一般的演变力量,似乎更可取。在现代数学中,它不像其他力量那样有着明显的作用。而另一方面,它对数字早期演变的影响是占主导地位的,足以将其视为演变过程的一个"阶段"。不要将它与柏拉图的唯心主义相混淆。许多现代数学家几乎不能被称为神秘主义者,他们坚持的是理想主义的数学哲学观。

5.5 数的演变阶段

为了避免对完整的(各种各样的案例)数学术语的研究，我们主要讨论数和初等几何演变中的演变力量。这些力量对西方文化中的数学发展有着广泛的影响。必须指出的是，虽然我们是从历史的角度切入，但力量的列表却不具有历史顺序。列出的所有力量通常是同时起作用的。实际上，它们目前仍正在起作用。

作为对比，列出从数概念的发展到现代社会的历史阶段：

数的演变阶段
一和二的区分
一-二-很多
实物集合的比较(一一对应)
计数
数词
表意文字
神秘主义
数字系统
数的运算
理想主义
新的数字类型(复数、实数、超限数等)
逻辑定义和分析

尚未讨论过数概念的最后一个阶段——逻辑定义和分析，因为它需要太多的专业知识。值得一提的是，由于遗传张力的作用，现代数学逻辑主义学派承担了提供一个可被接受的数的定义的任务，这个定义包括了人们期待直观概念所包含的所有特征。许多这样的定义都是在集合论的公理基础上提出的。然而，数学家与数的直观概念相处得很好，因为对“研究中的数学家”来说，这似乎已经足够了。

6 现代数学的演变

6.1 数学与其他科学的关系

科学发展中一个看似矛盾的特征是，越是脱离外部现实的概念，在控制人类环境方面就越成功。例如物理学，它的概念已经变得如此抽象，以至于需要多年的学习才能了解它。当人们终于觉得对它有所理解时，他可能不得不对他所处环境中的物理对象采取一种截然不同的看法。然而，现代物理学确实“行之有效”，无论其概念多么抽象和“不真实”，它是我们有望实现一场新的革命——原子时代的门槛。如果不是这已经发生了，伟大社会变革的参与者也很难意识到其重要性。人们不难想象到，除了爆发灾难性的战争外，人类已经掌握了可以改变他整个生活方式的新能源。

6.1.1 与物理学的关系

数学和物理学之间的关系一直并且将继续是非常亲密的。物理学一直是数学文化张力的最重要来源之一，尤其是在过去几个世纪。然而，这并不是单向的关系，尽管古典数学的许多性质都来源于对物理理论的考虑，但反之亦然。这两个领域之间的关系中最有趣的现象之一是，数学理论有时远远超出了物理学的需要，向物理学家不感兴趣的方向发展，结果后者最终发现，新创建的数学理论正是他们修改或扩展自己的概念框架所需的工具。数学概念最初是从自然现象或文化现象中抽象出来的，后来在数学演变力量的影响下发展起来，直到它们演变成一种新的模式——以适应自然和文化现象或为研究自然和文化现象提供工具。这是演变力量所固有的性质，它们往往导致具有文化意义的概念结构的产生。有趣的是，详细研究某个现代数学理论的发展，你会发现现代数学理论的起源脱离外部物理现实，却在物理理论中得到应用。这里可以追溯数学和物理学的一方或双方，看看两种理论的起源是否有共同的交汇点。人们预料会是这样，因为在数学中也出现过类似的现象。

在数学中，多元化是在概括、抽象和遗传张力的影响下发生的。新的数系种类、新的几何类型和新的代数理论不断发展,似乎彼此无关。但最终会产生各种各样的结合。代数系统和几何系统的结合,产生了经典的解析几何。在近代,代数与一种新的几何类型结合产生了拓扑。这不仅对拓扑学的未来发展产生了深远的影响,而且新系统——代数拓扑学,提出了新的代数概念,对现代代数的发展也产生了重大的影响。这并非是一种现代的现象。当发现希腊几何早期形式的不足时,即发现并非每两个线段的长度的比都可以用整数表示(不可通约)时,欧多克索斯理论通过将量与几何的结合成功解决了困难(见第 3 章)。在任何情况下,当某个数学领域的概念被发现适用于另一个领域时,结合就发生了。同样,将数学理论应用于物理以帮助产生新的物理理论也是一种结合。

6.1.2 更加抽象的趋势

最好从更广泛的角度来考虑趋势的问题。在过去的一个世纪里,所有的科学都变得更加抽象。今天的物理学同 19 世纪的数学一样抽象,理论物理学同现代数学一样抽象。物理学是向着"物理实在"——也就是对物理现象解释的方向发展的。但这并不能否认一个事实,即许多理论物理学在概念上与"现实"相去甚远,正如那些最抽象的数学一样。同样地,将目前的化学和生物科学与一个世纪前的化学和生物科学作比较,发现了类似的抽象趋势,尤其体现在最基础的方面。社会科学作为科学领域的新来者,虽仍处于其演变的早期阶段,但已从数据收集阶段过渡到建立一般理论的阶段,新的数学工具(统计、图论、线性代数、拓扑)正符合它们的需求。作为一种演变力量,抽象显然不是数学独有的。

此外,文化滞后和文化抵制对社会科学演变的影响似乎比数学更大。人类最大的不幸之一可能是,人类不愿意研究自己的行为。在现代天文学和物理学的早期发展过程中,物理科学家所处的文化环境也给物理学家造成了种种阻碍,而这种阻碍对于社会学家来说却从未完全消除过。在某些方面,类似于"解释"人类起源和行为的原始教条的现代对应物,抵制了社会科学的先进理论,就像中世纪时期它们的原型抵制物理理论一样。令人遗憾的是,有些不熟悉科学史的科学家对那些致力于研究社会科学的社会学家抱以一种蔑视和无情的态度。这既是不幸的又是不合理的。科学家(观察到物理学成果被用来威胁人类的生存)哀叹:"我们对文化的演变知之甚少,以至于我们似乎完全无法阻止灾难的发生。"但他仍然以蔑视的态度看待科学中唯一试图对这些困境做些什么的那一部分。事实证明,这种努力太少也太迟了。假设当前的文化状况继续存在,社会科学似乎不可避免地会上升到一种理论地位,就像物理学对“物理实在”的解释一样,社会科学理论也会以同样有效的方式,个人地和集体地“解释”人的行为。

6.1.3　与其他一般科学的关系

作为一种演变力量,抽象同第 5 章中列出的其他力量一样,是自然的和基本的。作为科学家族中最古老的成员,数学受其影响的时间最长。因此数学这个最古老的科学分支达到了如此抽象的境界就不足为奇了。但是,现代数学是否走错了方向,就像一些人认为希腊数学绕了弯路一样,是否应该更多地关注初始张力(该张力迫使数学的开端并给予其养分)的物理环境?但是,这样做就等于对以下事实视而不见:几个世纪以来,数学面临的主要环境张力是文化性质的,而不是物理性质的,具体来说,是来自姊妹科学的需求。而后者早已脱离了实用艺术阶段,本身就是十分抽象的。现代数学所达到的高度抽象很难被称为一个错误的方向,它是演变的自然产物,就像科学趋势的宏图所描绘的那样。可以预料的是,数学将永远关注着科学中其他部分的需求。要知道多元化不仅依赖于单个科学的潜能,还依赖于相邻科学分支的潜能。

与“应用”保持联系,这是一幅更大的图景的一部分,在这幅图景中,数学某分支的工作人员应该不断地意识到共享思想的重要性,并从其他科学分支(无论是在数学领域内还是在数学领域外)获得刺激。此时,力量——如文化张力、结合和概念的渗透,可以作用于任何两个或两个以上的科学分支,不论它们是否属于同一个一般“学科”。非科学家(如有资金可用于研究的政府机构)要求科学家把自己局限在一些看起来“实用”的事情上,就是忽略了这样一个事实,即一些最抽象的创造物最终会变成普通人认为的“应用”。法拉第和他在电与磁方面的研究(使电动机成为可能)以及克拉克・麦克斯韦和他的方程(揭示无线电波的存在)都是经典的例子。这些与数学逻辑(可以说是抽象的极限)的历史相匹配,数理逻辑在计算机行业极其重要(世界上第一台通用计算机 ENIAC 的创始人冯・诺依曼最初是一名数学基础的研究者,对数学逻辑非常熟悉)。[①] 但这样的“应用”是偶然性

---

① 正如绪论第 3 节所引用的例子,数学逻辑是在数学内部的遗传张力下演变而来的,而不是着眼于“应用”。

的，只是广阔图景的一部分，在这里，数学（更一般的说法是科学抽象）从科学的一部分渗透到另一部分。

6.1.4 专业化

第5章所列出的所有演变力量都在不断地影响着当前数学的趋势。从广义上看，现代数学呈现出一种不断创造新的分支的过程，如计算机和自动机理论的出现；较旧但绝非过时的学科，如数理逻辑和拓扑学，已经处于成熟阶段；更久远的学科，如分析，在拓扑学和集合论等新学科的帮助下不断地发展；最后，像数论和古典几何这样古老的学科，即使随着时间的增长而变得古老，但绝不会死亡。从这幅图景可以明显看出，当今任何数学家都不可能熟悉整个数学系统，因为生命太短暂了。多元化需要求助于专业化。研究生课程和数学博士学位的要求都在不断地修订，以便尽可能地提供广泛的培训，同时保证必要的专业化，为学位的研究打好基础。很多人谴责专业化，但我们面临一个不可避免的事实：当一个领域变得非常庞大和多元化时，有限的人力资源被迫进行"整顿"，而专业化是取得进展的唯一途径。这只是"生活中的事实"之一。数学的专业化就像我们在更先进的现代文化中观察到的职业的专业化一样。任何职业的专家在某种程度上都必须跟上他所处文化的发展，如政治、金融、机械等。数学家也一样，必须花一些时间熟悉其他学科的发展（以及他自己所在的学科）。这样，演变力量就发挥了作用。专业化是现代数学丰富的多元化与人类思维的有限能力之间的自然妥协。它已经成为遗传张力中越来越重要的因素，例如，它促进结合，是一种使个体掌握更广泛的概念的手段。

6.1.5 纯数学与应用数学

丰富的多元化以及由此产生的专业化带来的另一个影响是，创造了一种被称为应用数学的专业，这不仅是在数学领域，而且是在整个科学范围（绪论第3节）。由于缺乏被普遍接受的定义，人们对这个术语的含义存在很多误解和混淆。

在这方面，借助图6-1可能有利于解释。

阴影部分表示数学，最深的阴影部分表示其核心分支，也即现代数学。这个核心可以被理解为数学的心脏——"最纯粹的"，学科本身的发展主要集中在此。阴影的深浅表示与其他科学的联系的多少，最接近核心的部分表示联系最少，而

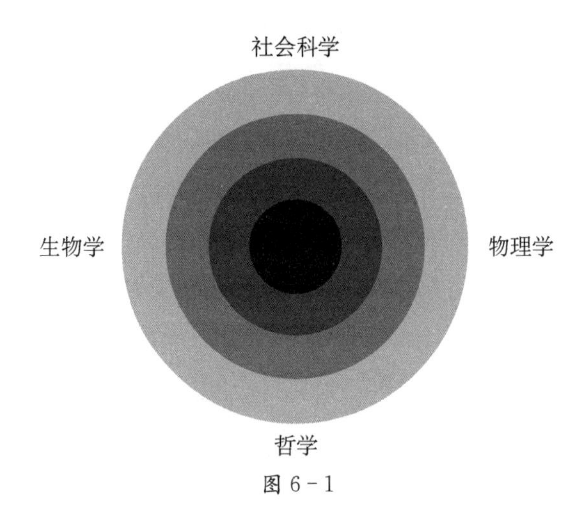

图 6-1

阴影最浅的部分表示联系最多。无阴影的外部代表物理、生物、社会科学以及哲学(曾经强烈地受到数学思想的影响)。在阴影区域和非阴影区域之间没有任何突变接触,这是为了强调在实践中没有明确的分界线。物理学家可能会发现自己在做“纯”数学,数学家有时可能也在做物理。即使一所大学可能有“纯数学”和“应用数学”专业,但并不意味着两个专业的背景特别是数学训练,可以被明显地区分开来。专业区分的背后主要是“应用”专业的成员期望强调他研究的是与其他科学直接相关的数学概念。除了数学核心的背景,他还必须对其他科学有一定的了解,特别是对其他科学的问题和方法有所了解,以及拥有熟悉陌生环境的能力。他可能与任何在“纯”数学专业的同事一样有能力从事纯数学研究,这是常有的事,但他的兴趣不在此。

另一方面,在深阴影区域工作的“纯”数学家,尽管他对其他科学不感兴趣,却无意中创造应用数学家认为对其他科学有用的新概念。同样,“应用”数学家依据他的兴趣而发展出的概念,最终可以扩展为数学的核心,也并不罕见。

到目前为止,在这里起作用的演变力量应该是相当明显的。不同专业对彼此施加的文化张力是最明显的,但这个过程也涉及一个专业向另一个专业的渗透、多元化后的结合(或反过来),以及抽象和概括。难怪像“纯粹”和“应用”这样的标签常常难以应用于个体数学家或某个数学成果。纯数学家,就像我们说的那样,“为了数学而做数学”,并不关心他所创造的东西是否会在“现实世界”中得到任何应用,但会惊讶地发现他的概念以一种他从未想过的方式应用于现实世界中。换句话说,无论是多么抽象和看似远离物理现实的数学,它总能发挥作用。它可以直接或间接应用于“真实”情况,如无线电、航天飞机等,如果没有数学,这一切都不可能实现。但这种现象只能证明数学的文化性和科学性。毕竟,文化(尤其是其中的科学成分)的一个主要功能,就是适应和控制人类的环境。虽然数学的双重性质似乎将它分成“应用”部分和专业数学家“把玩”的部分,但实际上并不存在一个明确的区分。数学的这两个方面都具有科学功能,“纯粹”的那部分通常解决的是现实世界的概念方面,所以它能成为处理物理环境问题的工具,就不足为奇了。它和它的概念通常可以回溯到同一个世界,在这里,由于文化张力的作用,开始抽象出数学概念。

尽管如此,人们仍然认为,“应用”数学对于生活中的紧急事件行之有效,但“纯”数学是一种“象牙塔式”的努力,仅仅具有审美功能。毫无疑问,“纯粹”或任何类型的数学确实给它的爱好者带来了审美上的满足。事实上,这可能也是大多数人追求它的唯一原因,但并不意味着这是它唯一的功能,从文化的角度来看,数学具有另一个功能,叫做科学功能。

在这方面,写有一本很受欢迎的两卷著作《新物理学的兴起》的阿布罗,发表了一个有趣的观点(d'Abro,1951,vol. Ⅰ,PP. 119—120):“纯数学和应用数学之间的区分并不能令人满意。首先,它不允许永久分类。举例来说,我们来看看经典力学的原理。当伽利略和牛顿建立经典力学的基本假设时,他们被认为是在表达世界的物理性质。因此,经典力学被认为是应用数学的一个分支。但是今天,基于相对论的结果,我们知道经典的假设并不符合物理现实。因此,严谨地说,我们应该改变过去的立场,把古典力学看作是与纯数学有关的抽象理论。”①

简而言之,今天被认为是“应用”数学的东西,可能会在明天变成“纯”数学。而且,在任何指定的时刻,“纯粹”和“应用”之间没有明确的区分。即使是最纯粹的数学也可能突然发现“应用”。例如,用集合拓扑论的方法解决了一个对于电气行业很重要的问题,而它本身的工程师却没有解决这个问题。矩阵理论、拓扑学

---

① 来自《新物理学的兴起》,阿布罗(d'Abro)著,第2版,多佛出版社,纽约,1951年。经出版商同意转载。从我们的观点来看,经典力学和相对论都属于概念系统,它们同样属于文化的科学组成部分。阿布罗说得对。经典力学的科学位置发生了变化,它原来的位置被新的相对论所占据。也即在图6-1中,它已经转移到一个更暗的区域。

和集合论已应用于生产和分配问题；现代代数的抽象概念在电子学中得到应用；数理逻辑应用于自动机和计算机理论。

在希腊时期，数学被认为一方面是试图描述人们在环境中发现的数和几何形式的问题，另一方面是对存在于真实世界并高于真实世界的理想概念世界的描述。在19世纪，经过代数学家的进一步抽象以及早期非欧几何的引入，数学的这种双重性质发生了变化。尽管人们认为为数学提供了一个或多或少能成功地适应自然和文化现象的概念框架，但这些概念不再处于一个独立的思想领域内，它们在被发现之前或之后就已经存在了，不过只是处在一个不断建构的概念世界中，并且当创造它们的数学家在其脑海中构思出它们时，它们才存在。现在可以精确地定位这个概念世界的地位了，它就是一种文化（White，1949，Chap. 10；Wilder，1950，1953，1960）。数学概念最初来源于现实世界并将其作为处理这种现实的一种方式。直到现在，这种“现实”不仅包括物理环境，还包括文化环境（其中包括概念）。概念就像枪或黄油一样真实，且问问怀疑者，没有枪他们怎么能打仗！应用数学家和纯数学家之间的主要区别在于他们处理的是现实的不同方面。

这就引出了数学中的自由问题。随着19世纪的发展，数学世界开始感到它不再受制于现实世界，但它可以创造出不受经验世界或理想世界所限制的数学概念，而那些东西会限制它的发现。人们不禁想起一位数学家，他对在落后的现实世界中思考科学概念感到厌恶，大声说：“感谢上帝，我的工作从来不存在实践应用的危险。”他表达的是过去一个世纪里数学世界所感受到的那种“自由”。这位绅士可能没有充分意识到现代数学的性质，不然他不会对自己的兴奋如此自信。没有人能逃离自己所处的环境，尤其没有数学家能逃离他所处的文化环境。尽管他可能认为数学不是一门科学而是一门艺术，尽管他的动机肯定是艺术的，但他所创造的任何数学都必须受到他所处的数学环境的制约。简而言之，他的自由受到他所处的文化中现有的数学状态的限制。作为一名数学家，他的成功取决于他对所处时代的突出问题的贡献。的确，作为一个个体，他有沉迷于他喜欢的任何数学幻想中的自由，但是如果这些幻想对当时的数学概念阶段没有意义，它们将得不到认可。（当然，有可能他是“走在时代前沿”，构成了一个“奇观”。见第5章5.4.1节）

与所有“自由”一样，数学的自由受到它所在文化的限制。只要“纯”数学家是从当前的重要数学领域中选择他的研究领域，就可以确信他的成果将是有意义的。就他而言，他同时也是一位“应用数学家”，其中唯一的应用在于他选择了所处文化中的数学概念，即图 6－1 的阴影区域。此外，他的成果迟早不可避免地或直接或间接地在文化的非数学方面得到“应用”，有时是在最意想不到的地方！

6.2　数学的“基础”

当一种文化演变到某种程度的成熟阶段时，它的参与者就需要“解释”它的起源，这似乎是文化演变中普遍的现象。以民族学中的经典案例为例，一群人从古代的某个母系群体迁移出来，形成了自己的文化。由于从迁徙至今已经过了很长的时间，以及没有书面记录，他们与母系群体的关系慢慢被遗忘，但是随着自身身份意识的增强，新文化的承担者发现有必要利用故事来支撑这种身份，并提供对其起源的描述。虽然是虚构的，但这个故事通过神圣的特征增强了其意义，为文化的延续提供了必要的稳定性和安全感。例如，人们可以想象梅萨维德印第安人的处境，他们的世界观可能局限于他们眼前的环境，他们可能同时受到自然灾害和陌生劫匪的威胁。这样一个群体不可避免地寻求某种可以证明和增强其文化的哲学的慰藉和保护。这种哲学既包括对文化起源的“解释”，也包括保护其免遭自然和超自然危害的宗教仪式，以及巩固部落文化的方式等元素。

6.2.1　数学子文化

在子文化中同样可以观察到类似的现象。现代西方文化中的数学子文化也不例外。[①] 在这一点上，数学和其他科学之间有一个有趣的对比。虽然物理学和化学在其发展过程中经历了神秘时期，但其影响已经大大减弱。人们普遍认识到，现有的科学是对自然现象的一个有限的解释，如果随着测量手段的提高，一个物理理论不能真正解释这种情况，那么合适的替代理论就应运而生。没有一个现代科学家认为这样的事件会威胁到科学的安全。

数学则有着不一样的传统。神秘主义在数学领域存在了很长一段时间，在今天柏拉图式的理想主义仍不少见。一般文化对数学理论的“真理”性的信念在相当大程度上被数学子文化共享了。现代数学的抽象性质导致了上述观点，尽管大

① “西方文化”包括那些从非西方文化中获取的部分。

多数杰出的数学家都同意，只有在公理基础上通过逻辑演绎得到的关于现代代数和几何理论的结果才是正确的。例如，任何熟悉数学现代状况的数学家都不会为欧几里得几何或非欧几何等的"真理"性进行争论。但对于数学中那些以自然数系统及其扩展内容为基础逻辑推导出来的部分——这包括了数学的很大一部分，有些人会对它们结论的绝对性进行争论。

并非数学界的成员比物理学家群体具有更大的凝聚力，而是数学领域中一些重大结论对数学家造成的威胁，比物理理论的崩溃对物理学家的威胁更大。

6.2.2 矛盾的出现

这里主要关注对数学稳定性造成威胁的两个方面：(1)在希腊时期发现的不可通约量和芝诺悖论；(2)19 世纪前实数连续统概念的不足(第 4 章)。前者由欧多克索斯的比例理论解决(以量为基础)，而后者由魏尔斯特拉斯、戴德金和其他19 世纪的分析家的工作解决，他们对实数连续统给出了看似确定的定义。但事实证明，如果不引入集合论的新概念，就不可能用分析的方法处理实数连续统。

对集合论的早期态度类似于对待当时盛行的逻辑的态度。事实上，许多人将其视为逻辑的一部分。这是一种对逻辑和集合论的可靠性毫不怀疑的态度。正如我们所观察到的，希腊人将逻辑证明的概念带入数学中，巴比伦人和埃及人则没有像归谬法等方法的概念。对矛盾律①和排中律②的充分认可，使得由这些"法则"得出的数学结论也被认为是绝对可靠的。

19 世纪的数学家们将集合论引入数学。和逻辑一样，它来源于物理和文化环境中与有限集合相关的经验。直到 1900 年左右发现了一些矛盾，人们才普遍意识到，经典逻辑和集合论向无限领域的扩展会产生矛盾。其中最著名的是罗素提出的，描述如下：我们把一个集合本身不构成该集合的元素的集合称为平凡集合。我们日常经历的所有集合都是平凡的，例如所有篮球球员的集合本身不是一个篮球球员，所有图书馆的书的集合本身也不是图书馆的一本书。(一个人要想找到一个非平凡集合，就必须运用一些聪明才智。一个常见的例子是所有抽象概念的集合——当然也是一个抽象概念，因此它是它自身的一个元素)

---

① 粗略地说，一个有意义的陈述不可能既对又错。

② 如果 S 是一个有意义的陈述，那么 S 要么为真，要么为假。

当我们考虑所有平凡集合的集合 S 时，麻烦就来了。根据排中律的逻辑规则，集合 S 要么是平凡的，要么是非平凡的。然而，如果 S 是平凡的，根据定义，S 不是它自身的元素。那么 S 是非平凡的，因为所有平凡集合都是 S 的元素。另一方面，如果 S 是非平凡的，根据定义，S 是它自身的一个元素，由于 S 的元素都是平凡的，所以 S 是平凡的。总而言之，如果 S 是平凡的，则推出它是非平凡的；如果 S 是非平凡的，那么推出它就是平凡的！

于是，在 19 世纪分析的"基础"建设得到满足之后，数学的安全性再次受到威胁。类似希腊时代的"危机"再次出现。不像对实数连续统的修正，为了应对这场危机，整个数学系统似乎需要一个新的基础，因为数学的所有部分或多或少都依赖于逻辑和集合论。20 世纪早期一些最有能力的数学家开始着手解决这个问题。其中最为人所知的就是英国数学家和哲学家罗素和怀特海（A. N. Whitehead），他们的研究成果发表在他们不朽的著作《数学原理》中；还有德国著名数学家希尔伯特和荷兰数学家布劳威尔。

在整个 19 世纪，对"解释"数学的真实性质的渴望已经造成了一种遗传张力，导致了许多新的基础的产生，不仅是对某个特定的领域如几何学，而且是对于整个数学。在后者中，弗雷格和皮亚诺的作品尤其重要。德国数学家弗雷格坚持认为，数和所有的数学都可以建立起逻辑基础——这有时被称为"逻辑主义"。意大利数学家皮亚诺和他的弟子们改进并使用公理化方法来建立数学基础，由此引入了一种符号，它比一般的语言陈述（例如欧几里得几何学中使用的语言）更精确。罗素和怀特海的作品在很大程度上是受弗雷格和皮亚诺作品的影响。《数学原理》一书试图从不证自明的逻辑真理中推导出数学。但回过头来看，随着对更抽象的数学领域的研究，这一点越来越明显，即引入那些公理——"不证自明的逻辑真理"——是十分必要的。并且，避免矛盾的方法已经诞生了。

希尔伯特方法也是公理化方法，他的基本术语和命题看似与《数学原理》中的无异，但它们并不是作为一组基本假设，它们本身既非真也非假，仅仅是可用于推导的"规则"。人们希望通过制定一套严谨的方法来推导出一个没有矛盾的数学。这种类型的操作被称为"形式主义"，最终在一本名为《数学基础》的两卷著作呈现出来，这本书是由希尔伯特和他杰出的学生贝尔奈斯合作完成的。

19 世纪数学家利奥波德·克罗内克具有完全不同的学说，以至于形成了一种"文化奇观"（见 5.4.1 节）。这是他对数学性质的"解释"：数学是基于自然数的建构,而自然数是人类直觉的产物。与同时代的人不同,他遵循数学的演变过程,不受那些困扰他们祖先的关于负数或无理数的"现实"问题的神秘束缚。克罗内克避免使用所有无法从自然数中建构的数字(例如类似$\frac{2}{3}$的分数)。他声称,像 π 这样的数字根本就不存在,因为显然没有办法用自然数来构造它们。实际上没有人同意他的观点。

在世纪之交的危机过去后,布劳威尔重申了克罗内克的论文(已修改之后的形式),这位年轻而才华横溢的荷兰数学家在一系列深刻的论文中阐述了一种后来被称为直觉主义的数学。除了那些可以通过直觉主义的建构方法挽救的逻辑外,由希腊人引入数学中的逻辑被抛到九霄云外。特别地,在归谬法证明中如此重要的排中律不再允许在无限集合中使用。在任何有限的自然数集中,(以偶数为例)可以断定它里面至少有一个数是偶数,或者没有偶数。这里存在一种基本的建构方式可以证明有限集合的排中律法则,即逐一检查每一个数。但是同样的断言对任意的无限自然数集是不可能成立的——除了那些能够指出集合中的偶数的特殊集合,这也是一个可容许的建构行为。

直觉主义哲学最大的优点在于它不受矛盾的限制——其建构性方法保证了这一点。但其致命的缺陷在于,无法仅用其建构性的方法推导出被认为是现代最伟大的数学成就的主要概念。从目前的观点来看,直觉主义被视为是一种阻止数学演变中的尝试的文化抵制。对数学"解释"的渴望和消除矛盾威胁的需求而产生的(遗传)张力迫使数学界采取行动,但这不是直觉主义所要求的那种极端行动。后者像是期望通过杀死一个原始部落的大多数成员,以避免他们可能被一个具有威胁的敌人消灭。

尽管有这样的顾虑,直觉主义还是产生了巨大而有益的影响。许多杰出的数学家都赞同其中的部分或全部原则——例如庞加莱和韦尔。更重要的是,在传统数学理论框架内,它的建构性理论被发现能适用于许多情况。

6.2.3　数理逻辑与集合论

上述发展在相当大的程度上给出了对逻辑和集合论的透彻分析——数学方法中两个最"理所当然"的部分。正如所预料的那样,只有出现相当大的困难时人们才能理清在这一时期起作用的复杂演变力量。一方面,由于矛盾而引发的危机加剧了“解释”数学性质的欲望，这是一种遗传张力，最终导致了以逻辑主义、形式主义和直觉主义为代表的三个“思想流派”的研究。另一方面，数学界中存在对这种研究的巨大文化抵制，许多数学家抱以轻蔑或鄙视的态度拒绝参与其中。文化滞后也是显而易见的，因为许多人(也许是大多数)对这种情况不感兴趣(也许是旧观念的延续，旧观念认为重要的事情是做数学，而非担心后果)。

然而，最有趣的是逻辑主义和形式主义都使用符号化的方式。这种集中地使用符号的趋势，在莱布尼茨和牛顿的微积分以及 18 和 19 世纪的各种代数中得以体现，并且可以被认为已经达到了逻辑主义和形式主义学说的顶峰，而它们随后融入了现代数理逻辑中。随着时间的推移，人们逐渐明白，逻辑主义和形式主义实质上都是试图把数学建立在一个精心挑选的、用纯表意符号表达的公理集合之上，通过推导(“证明”)得出新公式(定理)。如果一个人能通过其符号能力与其他动物区分开来，那么这里肯定有着最高的人类活动！

然而，1931 年年轻的奥地利数学家哥德尔的论证破灭了罗素-怀特海和希尔伯特等项目成功的希望，因为既无法实现对数学的完整描述，也无法证明这样的系统内部的一致性。早些时候，斯堪的纳维亚的(Scandinavian)斯科伦开始了一项工作，最终得出了这样的结论：集合论永远无法建立完整的基础。而且很快人们就发现，用现代数学、逻辑学中发展出来的强大方法进行分析时，逻辑和集合论都不能被认为是一种独一无二的理论；相反，它证明了发展出各种各样的逻辑和集合论的可能性。因此，概括和多元化的力量侵入了人类思想中最绝对的领域。即使是自然数，最古老和不可侵犯的数学实体，也无法给出它的一个明确定义！

这可能被认为是直觉主义的部分胜利，直觉主义认为自然数作为数学基础的学说现在似乎得到了支持。那些曾拒绝研究一致的和完整的现代数学基础的数学家，现在能感觉到他一直在合理地接受经典的逻辑方法以及初等的集合论，这些都是他的工作中通常需要的。但在这样做时，他不得不承认，他接受了他的文化带给他的直觉基础。因为他所使用的逻辑和集合论是演变的产物，就像他所使用的数系、几何和其他理论一样。

因此，数学被视为一门与其他科学不同的科学。数学与其他自然科学和社会科学的主要区别在于，后者的范畴直接受到物理或社会性质的环境现象的限制，而数学只是间接地受到这些限制。正如我们所看到的那样，数学几乎从诞生之日起就越来越自给自足。现代数学家研究的问题，主要来自现有的数学理论或姊妹科学的理论,因而完全是属于文化起源。它最强大的符号化及其抽象和概括的力量,使数学家在“解释”数学是什么或为数学提供一个稳定的“基础”和绝对严谨的方法上失败了。没有什么比科学无法对他们所研究的现象作出最终而准确的解释更重要的了。如果某些方法引起矛盾,就必须加以修改,就像物理科学家必须经常进行修改一样。由数学矛盾产生的对完美严谨和绝对自由的渴望,就像对自然或社会现象作出精确的解释的期望一样。使目前的数学形势变得更加有趣的是,由于数学的文化性质,我们认识到它的演变永远不会结束。只要人类文化演变的进程不间断地继续下去,数学就像物理、化学、生物学和社会科学一样,继续向更抽象、更科学有效和更奇妙的概念演变。

6.3　数学存在

这里还涉及数学存在的问题。具体来说,在何种意义上,所有像数、几何和集合论这样的抽象概念是存在的?这是一个自古希腊以来就引起哲学讨论的问题。正如我们所见,“毕达哥拉斯”学派将数——“自然数”——置于超越人类干预之外的绝对地位。柏拉图设想了一个理想的宇宙,在这个宇宙中存在着古代已知的所有几何构型的完美模型。目前的研究所作的假设是,数学概念的唯一实体是文化元素或人工制品。这一观点的优点是,它允许人们研究作为文化元素的数学概念是如何演变的,并对概念为什么以及如何从个体数学家思想中产生提供了一些解释——它的产生由文化力量的综合体导致。此外,弥漫在针对数学存在的多数理想主义态度中的神秘主义消失了。关于某些概念的可容许性(permissibility)的误解和疑惑,以及物理性质的环境压力对数学的影响产生的残留物也被清除。例如,无限小数不是一个“继续下去没有结束”的东西,它是一个完整的无限总体,正如人们所构想的所有自然数构成一个完整的无限总体一样。无限小数可以被认为是一个二级的抽象,因为它不能被完整感知,而只能从概念上被感知。

由于数和几何起源于物理现实世界,哲学家和数学家一再寻求通过物理现实来证明数学概念的“实在(reality)”。关于欧几里得几何是否“真实”的问题,已有成千上万的篇幅进行了讨论。尤其是欧几里得直线是否能够忠实地表示“时间连续统”,从文化的角度来看,这样的问题毫无意义。数概念是对现存文化的抽象,它的起源和演变是由环境和遗传的文化张力引起的。而似乎也没有像经常所说的那样，公开讨论自然数的无限总体的概念的存在性问题。因为当时的文化只发展到这样的程度，就当时的科学目的而言，以自然数概念为基础的有限数学已经足够了。但是在微积分和一般的实分析的理论中——它们本身很大程度上是力学、物理学等学科施加的环境压力的产物，最终产生了发展无限数学的遗传张力。在物理世界中是否存在着无限总体并不重要。重要的是：这些概念会带来富有成效的数学发展吗？答案是肯定的，而且它们解决了过去 3 个世纪面临的危机。当然，它们带来了新的危机，比如集合论中的危机，所以反过来又要寻求解决这些危机的办法。达朗贝尔提出的“勇往直前，信念会向你走来”的建议非常棒，每当数学大厦面临崩溃的危机时，为了消除危机，我们需要鼓起勇气进入一个新的概念世界。

6.4　数学概念演变的“规则”

应进一步研究 5.4 节所列的在数学概念的演变中起作用的力量，特别是它们体现和起作用的方式。比如说：它们有什么特殊的原则或“规则”吗？这需要对更多的案例进行分析，也将会涉及没有包含在本书中的更多数学技术性的内容。[①]

作为结果，列出以下原则，不管是为了证明还是反驳，似乎都值得进行研究：

1. 在任何时候，只会发展那些与现存的数学文化相关的概念，以满足它自身遗传张力或来自宿主文化的环境张力的需求。

2. 一个概念的可承认性和可接受性将取决于它的丰硕程度。特别地，一个概念不会因为它的起源或它基于“非现实”的形而上学基础，而永远被拒绝。

3. 一个概念在数学上继续具有重要意义的程度既取决于概念的符号表示模式，也取决于它与其他概念的关系。如果其符号模式倾向于晦涩难懂，甚至直接被概念抛弃，那么如果这个概念将继续使用的话，一种更容易理解的形式就会出现。如果一组概念是相关的，以至于可以将它们全部结合在一起得到更一般的概念，那么它会进一步演变。

4. 如果一个数学理论的进步是由某个问题的解决推动的，那么这个理论的概

---

① 作者的一位学生对一部分数理逻辑进行了案例研究。见朱迪斯·安·奥尔曼·路易斯(Judith Ann Orman Lewis)的《数理逻辑中逻辑论点的演变》，密歇根大学博士论文，1966 年。

念就会以一种允许问题被解决的方式发展。很可能是几个独立工作的研究人员都找到解决方案(但不一定公布)。(证明问题的不可解也被认为是问题的“解决方案”,化圆为方、三等分角等的研究历史说明了这一点)

5. 利用被普遍接受的符号、增加出版渠道和其他传播手段能够增加渗透的机会,对新概念的发展速度产生直接影响。

6. 宿主文化的需求,特别是随着数学子文化中工具的增长,会引发发展新概念的需求。

7. 稳定的文化环境最终会扼杀新的数学概念的发展。不利的政治或普遍的反科学气氛也会产生类似的影响。

8. 一场危机,例如暴露出当前概念结构的不一致或不足之处,将促进新概念的加速发展。

9. 新概念通常以直觉感知的概念为基础,但由于其不足最终会产生新的危机。同样,解决一个著名的问题后也会产生新的问题。

10. 数学的演变是一个不断发展的过程,只受到在第 5 至 7 点描述的情况的限制。

6.4.1　讨论

数学借助“宿主文化”形成一个子文化。遗憾的是,它不是可唯一定义的。从历史上看,在某些时候它是由国界决定的,就像中国古代数学一样。在现代,除非政治力量介入,否则宿主文化通常超越国界。

以第 6 点举例。回顾美国自第二次世界大战开始以来的数学发展,宿主文化在经济和政治上的需求推动了计算机的发展,并最终在理论和应用数学上开创了一个全新的篇章。其他新的数学结构也直接归因于战时的需求。随后,政府提出通过国防机构和国家科学基金会的资助来促进数学研究的政策,导致了新数学概念的加速发展,并且最终导致了成为数学家的学生人数的增长。

第 1 点是不言而喻的。新概念总是以某种方式与现有的数学概念相联系,它们的产生是由于需要解决现有的数学文化(遗传张力)或宿主文化(环境张力)中的紧迫问题。一个拥有足以创造现代代数概念的超强智力的人,如果碰巧他是古希腊公民,他肯定创造不出现代代数。

第 2 点的一个很好的例子是,数学最终接受负数以及“虚构”的数,比如 $\sqrt{-1}$。只要这些类型的数是不可或缺的,它们就不会因“不真实”或“虚构”的理由被拒绝。

第 3 点很好地解释了实数的位值系统的演变。巴比伦的密码被其他更简单的符号取代，但是巴比伦的位值系统扩展到分数，存活下来并成为数系的起源。此外，当人们发现可以通过概念的方式用无限小数表示任意实数时，它的长期使用得到了保证。熟悉过去半个世纪数学发展的专业数学家，站到一个更高的数学水平，可以毫不费力地回忆起与符号简化相关的例子，以及一些相关概念结合于更一般的概念框架中的实例。

关于第 4 点最著名的例子是欧几里得平行公设的经典问题。它通常被认为是高斯、罗巴切夫斯基和波尔约在 19 世纪前三分之一的时间里各自独立研究解决的。从这一时期的任何报道中可以看出，这个问题即将爆发(Bell，1945，PP. 325—326)。现代的例子更是比比皆是。

似乎没有必要详细说明第 5 点和第 7 点。正如人们所预料的那样，中国古代数学就像它的宿主文化一样，静止了。希腊人数学创造力的衰退与那个时期的一般文化的衰退同时发生。

关于第 8 点，首先可以指出的是希腊数学的危机，其起因是发现不可通约量和芝诺悖论，随后便带来了希腊几何迅猛发展。关于分析基础的危机的解决最终形成了第 4 章所述的实数系的概念。后者也为第 9 点提供了极好的例证，由于将“集合”的概念引入数学，带来了世纪之交时的一场危机，人们发现矛盾是由于无节制地使用这个概念而引起的，因而它又必须受到限制。

只有对数学史进行更全面的论述，才能充分证明第 10 点的观点。毫无疑问，富有创造力的专业数学家鉴于他们自身的经验一般会同意这个观点。它实际上是第 8 点和第 9 点的推论。

6.4.2 结论

随着数学概念变得越来越抽象，数学的力量(power)和应用性(utility)也不断增强，似乎有必要为该领域的创造性工作者制定一个所谓的“章程”：

除了概念的科学价值之外，概念化不应受到其他的限制。而关于科学价值的判断是事后的。特别地，一个概念不会因为诸如“非现实”这样模糊的标准或者因为它的建构方式而遭到拒绝。

参考文献

Archibald, R. C. (1949), 'Outline of the History of Mathematics', *American Mathematical Monthly*, vol. 56, Supplement; 6th ed. revised and enlarged.

Barnes, H. E. (1965), *An Intellectual and Cultural History of the Western World*, 3rd ed. revised, New York, Dover.

Bell, E. T. (1931), *The Queen of the Sciences*, Baltimore. Williams and Wilkins; London, G. Bell & Sons.

——(1933), *Numerology*, Baltimore, Williams and Wilkins.

——(1937), *Men of Mathematics*, New York, Simon and Schuster (reprinted by Dover); Harmondsworth, Penguin Books.

——(1945), *The Development of Mathematics*, 2nd ed., New York, McGraw-Hill.

Bourbaki, N. (1960), *Éléments d'Histoire des Mathématiques*, Paris, Hermann.

Boyer, C. B. (1944), 'Fundamental Steps in the Development of Numeration', *Isis*, vol. 35, pp. 153 - 68.

——(1949), *The History of the Calculus and Its Conceptual Development*, New York, Dover.

——(1959), 'Mathematical Inutility and the Advance of Science', *Science*, vol. 130, pp. 22 - 5.

——(1968), *A History of Mathematics*, New York, John Wiley & Sons.

Bredvold, Louis I. (1951), 'The Invention of the Ethical Calculus', in *The Seventeenth Century: Studies in the History of English Thought and Literature from Bacon to Pope*, edited by R. F. Jones et al, Stanford, Calif., Stanford University Press.

Bridgman, P. W. (1927), *The Logic of Modern Physics*, New York, Macmillan.

Chiera, E. (1938), *They Wrote on Clay*, Chicago, University of Chicago Press, Phoenix Books.

Childe, V. G. (1946), *What Happened in History?*, New York, Penguin Books, Pelican Book P6.

——(1948), *Man Makes Himself*, London, Watts & Co., The Thinkers Library No. 87.

——(1951), *Social Evolution*, NewYork, Henry Schuman.

Conant, L. L. (1896), *The Number Concept*, New York, Macmillan.

Coolidge, J. L. (1963), *A History of Geometrical Methods*, New York, Dover.

Courant, R., and H. Robbins (1941), *What is Mathematics?*, New York, Oxford

University Press.
D'Abro, A. (1951), *The Rise of the New Physics*, 2nd ed,. New York, Dover.
Dantzig, T. (1954), *Number, the Language of Science*, 4th ed., New York, Macmillan.
Dedron, P. and Itard, J, (1974) *Mathematics and Mathematicians*, London, Transworld Publishers (tr. from French).
Dubisch, R. (1952), *The Nature of Number*, New York, Ronald Press.
Eves, H. (1953), *An Introduction to the History of Mathematics*, New York, Rinehart and Co.
Firestone, F. A. (1939), *Vibration and Sound*, 2nd ed.
Frege, G. (1884), *Die Grundlagen der Arithmetik*, Breslau, Wilhelm Koelner.
——(1950), *The Foundations of Arithmetic*, Oxford, Basil Blackwell.
Freudenthal, H. (1946), *5 000 Years of International Science*, Groningen, Noordhoff.
Gandz, S. (1948)'Studies in Babylonian Mathematics', *Osiris*, vol. 8, pp. 12 - 40.
Hadamard, J. (1949), *The Psychology of Invention in the Mathematical Field*, Princeton, N. J., Princeton University Press.
Hardy, G. H. (1941), *A Mathematician's Apology*, Cambridge, England, The University Press.
Heath, T. L. (1921), *A History of Greek Mathematics*, 2 vols., Oxford, England, Oxford University Press.
——(1926), *The Thirteen Books of Euclid's Elements*, 3 vols., 2nd rev. ed., Cambridge, England, Cambridge University Press.
Hopper, V. F. (1938), *Medieval Number Symbolism*, New York, Columbia University Press.
Huxley, J. (1957), *Knowledge, Morality and Destiny*, New York, New American Library of World Literature, Mentor Book.
Karpinski, L. C. (1925), *The History of Arithmetic*, New York, Rand McNally.
Kasner, E., and J. R. Newman (1940), *Mathematics and the Imagination*, New York, Simon and Schuster; London, G. Bell & Sons.
Klein, F. (1892), 'A Comparative Review of Recent Researches in Geometry', *Bulletin of the New York Mathematical Society*, vol. 2 (1892 - 3), pp. 215 - 49; translated by M. W. Haskell.
——(1932), *Elementary Mathematics from an Advanced Standpoint*, translated by E. R. Hedrick and C. A. Noble, Part I, New York, Macmillan.
——(1939), *Elementary Mathematics from an Advanced Standpoint*, Part II, *Geometry*, 3rd ed., New York, Macmillan.
Kline, M. (1953), *Mathematicsin in Western Culture*, New York, Oxford University

Press; Harmondsworth, Penguin Books.

Kroeber, A. L. (1948), *Anthropology*, rev. ed. , New York, Harcourt, Brace & World.

Kroeber, A. L. , and C. Kluckhohn (1952), *Culture, A Critical Review of Concepts and Definitions*, Papers of the Peabody Museum of American Archaeology and Ethnology, Harvard University, vol. 47, No. 1.

Kuhn, T. S. (1962), *The Structure of Scientific Revolutions*, Chicago, University of Chicago Press.

Malinowski, B. (1945), *The Dynamics of Culture Change*, New Haven, Conn. , Yale University Press.

Menninger, K. (1957), *Zahlwort und Ziffer*, vol. 1, Gottingen, Vandenhaeck and Ruprecht.

Merton, Robert K. (1957), 'Priorities in Scientific Discovery: A Chapter in the Sociology of Science', *American Sociological Review*, vol. 22, pp. 635 - 59.

——(1961), 'Singletons and Multiples in Scientific Discovery: A Chapter in the Sociology of Science', *Proceedings of the American Philosophical Societyt*, vol. 105, pp. 470 - 86.

Moritz, R. E. (1914), *On Mathematics and Mathematicians*, New York, Dover.

Nagel, E. , and J. R. Newman (1958), *Godel's Proof*, New York, New York University Press.

National Council of Teachers of Mathematics (1957), *Insights into Modem Mathematics*, Twenty-third Yearbook, Washington, D. C.

Neugebauer, O. (1957), *The Exact Sciences in Antiquity*, 2nd ed. , Providence, R. I. , Brown University Press; also New York, Dover.

——(1960), 'History of Mathematics, Ancient and Medieval', Chicago, Ill, *Encyclopaedia Britannica* vol. 15, pp. 83 - 6.

Poincare, H. (1946), *The Foundations of Science*, translated by G. B. Halstead, Lancaster, Pa. , Science Press.

Price, Derek J. deS. (1961) *Science since Babylon*, New Haven and London, Yale University Press.

Rosenthal, A. (1951), 'The History of Calculus', *American Mathematical Monthly*, vol. 58, pp. 75 - 86.

Russell, B. (1937), *The Principles of Mathematics*, 2nd ed,. New York, W. W. Norton, London, Allen & Unwin.

Sahlins, M. D,. and E. R, Service, editors (1960), *Evolution and Culture*, Ann Arbor, Mich. , University of Michigan Press.

Sanchez, G. I. (1961), *Arithmetic in Maya*, Austin, Texas, published by author (2201 Scenic Drive).

Sarton, G. (1935), 'The First Explanation of Decimal Fractions and Measures (1585), Together with a History of the Decimal Idea and a Facsimile (No. xvii) of Stevin's Disme', *Isis*, vol. 23, pp. 153 - 244.

——(1952), 'Science and Morality', in *Moral Principles of Action*, edited by Ruth N. Anshen, New York, Harper & Row, p. 444.

——(1959), *A History of Sciences*, 2 vols., Cambridge, Mass., Harvard University Press.

Seidenberg, A. (1960), 'The Diffusion of Counting Practices', *University of California Publications in Mathematics*, vol. 3, No. 4, pp. 215 - 300.

Smeltzer, D. (1953), *Man and Number*, London, Adam and Chas. Black.

Smith, D. E. (1923), *History of Mathematics*, 2 vols., Boston, Houghton-Mifflin; also New York, Dover.

Struik, D. J. (1948a), *A Concise History of Mathematics*, 2 vols., New York, Dover.

——(1948b), 'On the Sociology of Mathematics', in *Mathematics, Our Great Heritage*, edited by W. L. Schaaf, New York, Harper, pp. 82 - 96.

Szabo, A. (1960), 'Anfang des Euklidischen Axiomsystems', *Archive for History of Exact Sciences*, vol. 1, PP. 37 - 106.

——(1964), 'The Transformation of Mathematics into Deductive Science and the Beginnings of its Foundation on Definitions and Axioms', *Scripta Mathematica*, vol. 27, PP. 27 - 48A, 113 - 139.

Thureau-Dangin, F. (1939), 'Sketch of a History of the Sexagesimal System', *Osiris*, vol. 7, pp. 95 - 141.

Tingley, E. M. (1934), 'Calculate by Eights, Not by Tens', *School Science and Mathematics*, vol. 34, PP. 395 - 9

Tylor, E. B. (1958), *Primitive Culture*, 2 vols., New York, Harper Torchbooks 33, 34.

Van der Waerden, B. L. (1961), *Science Awakening*, translated by Arnold Dresden, New York, Oxford University Press.

Waismann, F. (1951), *Introduction to Mathematical Thinking*, translated by T. J. Benac, New York, Frederick Ungar.

Weyl, H. (1949), *Philosophy of Mathematics and Natural Science*, Princeton, N. J., Princeton University Press.

White, L. A. (1949), *The Science of Culture*, New York, Farrar, Straus; also published in paperback edition by Grove Press, as Evergreen Book E - 105.

——(1959), *The Evolution of Culture*, New York, McGraw-Hill.

Wilder, R. L. (1950), 'The Cultural Basis of Mathematics', *Proceedings of the International Congress of Mathematicians*, pp. 258 - 71.

——(1953), 'The Origin and Growth of Mathematical Concepts', *Bulletin of the American Mathematical Society*, vol. 59, pp. 423-48.
——(1960), 'Mathematics: A Cultural Phenomenon', in *Essays in the Science of Culture*, edited by G. E. Dole and R. L. Carneiro, New York, T. Y. Crowell, pp. 471-85.
——(1965), *Introduction to the Foundations of Mathematics*, 2nd ed., New York, John Wiley and Sons.

索　引[1]

[1] 索引页码为英文版页码。——译者注

数学概念的演变

谢明初　陈　念　陈慕丹　译

Evolution of Mathematical Concepts：*An Elementary Study* / by Raymond L. Wilder

上海市版权局著作权合同登记　图字：09-2019-387 号。